《民族自治州风采·黔东南苗族侗族自治州卷》

编委会

民族自治州风采

黔东南苗族侗族自治州卷

MINZUZIZHIZHOUFENGCAI
QIANDONGNANMIAOZUDONGZUZIZHIZHOUJUAN

莫屈 姚宁 主编

辽宁民族出版社

图书在版编目（CIP）数据

民族自治州风采．黔东南苗族侗族自治州卷 / 莫屈，姚宁主编．— 沈阳：辽宁民族出版社，2023.2
ISBN 978-7-5497-2812-1

Ⅰ．①民… Ⅱ．①莫… ②姚… Ⅲ．①黔东南苗族侗族自治州—概况 Ⅳ．① K92

中国国家版本馆 CIP 数据核字（2023）第 022324 号

民族自治州风采．黔东南苗族侗族自治州卷
MINZU ZIZHIZHOU FENGCAI. QIANDONGNAN MIAOZU-DONGZU ZIZHIZHOU JUAN

出版发行者：辽宁民族出版社
地　　址：沈阳市和平区十一纬路 25 号　邮编：110003
印 刷 者：辽宁新华印务有限公司
幅面尺寸：185mm × 260mm
印　　张：14.25
字　　数：220 千字
出版时间：2023 年 2 月第 1 版
印刷时间：2023 年 2 月第 1 次印刷
责任编辑：李凤山　金顺玉　金诗雯
封面设计：杜　江
责任校对：王　荷

标准书号：ISBN 978-7-5497-2812-1
定　　价：150.00 元

网　　址：www.lnmzcbs.com　　邮购热线：024-23284335
淘宝网店：http：// lnmz2013.taobao.com
如有印装质量问题，请与出版社联系调换　　联系电话：024-23284340

序言

习近平总书记指出：坚持和完善民族区域自治制度，关键在于做到统一和自治相结合、民族因素和区域因素相结合；坚持促进各民族交往交流交融，不断铸牢中华民族共同体意识；坚持加快少数民族和民族地区发展，不断满足各族群众对美好生活的向往；坚持文化认同是最深层的认同，构筑中华民族共有精神家园；坚持各民族在法律面前一律平等，用法律保障民族团结；坚持在继承中发展、在发展中创新，使党的民族政策既一脉相承又与时俱进；坚持加强党对民族工作的领导，不断健全推动民族团结进步事业发展的体制机制。

民族自治州是我国民族区域自治制度的重要形式，是贯彻落实党和国家民族政策的重要实践。实践证明，长期以来自治州组织策划多种形式的宣传推广活动，取得了良好的政治、经济、社会效益。《民族自治州风采》是一套专门介绍民族自治州基本情况的系列丛书。党的十九大以来，我国30个民族自治州在习近平新时代中国特色社会主义思想指引下，深入贯彻创新、协调、绿色、开放、共享的新发展理念，全面落实经济建设、政治建设、文化建设、社会建设、生态文明建设五位一体总体布局，各项事业都发生了翻天覆地的变化。此套丛书将对自治州的新发展、新变化做全景展示。

序言

从书紧扣时代主题，唱响时代主旋律，集思想性、可读性于一体。全书以30个民族自治州的不同发展历程为视角，体现出民族自治州的群众对伟大祖国、中华民族、中华文化、中国共产党、中国特色社会主义的认同；让读者切实体会到我国少数民族和民族团结进步事业70年来取得的辉煌成就。这既是中华民族形象塑造的应然之义，又是习近平新时代中国特色社会主义思想发展的必然指向，只有不断用“五个认同”巩固生命线，强基固本，才能铸牢中华民族共同体意识，书写民族团结的时代新华章！

编　者

2020年5月

前言

黔东南苗族侗族自治州是一块古老而神秘的土地。地处祖国大西南腹地，河川纵横，峰林交错，自然条件和生存环境十分独特。“天无三日晴，地无三里平，人无三分银”是古时候人们对贵州的评价，也是过去很长时间黔东南贫穷落后境况的真实写照。

唐代著名浪漫主义诗人李白听说好友王昌龄被贬夜郎古国（王昌龄实际上被贬到现在的黔东南苗族侗族自治州锦屏县一带），写诗赠友曰：“我寄愁心与明月，随君直到夜郎西。”此诗表达了对好友王昌龄被贬到贵州落后边地的百般思念，体现了一种珍贵情谊。

那是古代大诗人关于贵州的一种文化记忆。黔东南很早就披上了一层神秘的面纱，为外人所敬畏和向往。

历史上黔东南交通闭塞，开发较晚，1951年才完全解放，1956年黔东南苗族侗族自治州建立。“贫穷”“落后”“封闭”这类字眼，曾经长时间在黔东南这块土地上空萦绕和盘旋。但也正是因为开发得比较晚，黔东南很幸运地保留下良好的自然生态和丰富多样的民族文化，被世界乡土文化保护基金会授予世界18个民族文化生态保护圈之一（中国仅有黔东南苗族侗族自治州和西藏自治区入列），也被世界旅游组织评为“返璞归真，回归自然”的旅游目的地之一，被专家学者称为世人神往的“人类疲惫心灵栖息的最后家园”。

中华人民共和国成立以后，随着西部大开发、改革开放，特别是国家脱贫攻坚战略的实施，黔东南苗族侗族自治州经济社会得到提速发展，面貌日新月异，建设成果丰硕。2020年，黔东南苗族侗族自治州470多万苗、侗等各族人民摘除了千百年来戴在头上的“绝对贫困”的标签，与全国人民一起迈进小康行列。交通、电力、水利、通信等基础设施极大改善，“县县通高速，村村通油路，乡镇通快递”成为现实；教育、文化、民政、医疗、卫生等民生事业长足进步；农业、工业、旅游、服务等百业俱兴；城市建设、乡村振兴捷报频传……黔东南这块古老的土地焕发出勃勃生机，黔东南经济社会驶入发展快车道。

民族文化和自然生态两个宝贝得到很好的保护和利用，成为黔东南苗族侗族自治州向世界展示的醒目名片。黔东南民族节日众多，活动丰富多彩，“百节之乡”美名远播海外。苗族鼓藏节、苗年节、姊妹节、芦笙节、吃新节，侗族的萨玛节、侗年、六月六歌会等一大批民族节日，吸引众多中外旅客。节日活动推陈出新，丰富多彩，斗牛、斗鸟、斗鸡、斗狗、赛马和歌舞大赛等，名目繁多，精彩纷呈。群众广泛参与，乐在其中。民间节日文化的繁荣发展助推全州旅游产业井喷式发展。

黔东南是文物资源富集地，一大批木构古建筑、古碑、古桥、古寺、文化遗址被列入各级文物保护单位并得到更好的保护；有一批城镇、乡村分别被列入全国历史文化名城，全国名镇、名村和国家级传统村落名单；全州非物质文化遗产保护工作成效显著，国家级非遗名录项目数量与全国同级地州市相比，名列前茅。黔东南苗族侗族自治州成为名副其实的“非遗大州”。

侗族大歌、反排木鼓舞、剑河水鼓舞等一大批优秀的民间歌舞艺术走出大山，走向全国，蜚声中外。银饰制作、芦笙制作、古法造纸、鸟笼制作、建筑技艺、蜡染、刺绣等民间优秀传统技艺得到有效传承和发展，并产生良好的经济效益和社会效益。

镇远古镇、西江苗寨、隆里古城、下司古镇、旧州古镇、郎德苗寨等一批历史文化名城、文化古镇、文化名村得到有效保护和合理开发，成为全国有影响力的旅游目的地。苗族古歌、苗族贾理、刻道、木商契约文化等一大批非物质文化得以整理成书，永久保存。

黔东南苗族侗族自治州沐浴着党和国家民族政策的温暖春风，正以坚定的信心、开放的姿态、坚实的脚步、创新的精神，揭开这块古老土地神秘的面纱，继续向世界亮出“锦绣黔东南”的文化名片，续写新时代民族自治州团结奋进的精彩华章。

编　者

2022年5月

目录

第一章　发展与进步

第二章　民族要览

第三章 重大节日

第四章 特产精现

第五章 青山绿水

第六章 名城·名镇·名村

第一章 发展与进步

概述：走向辉煌

黔东南苗族侗族自治州像一颗镶嵌在贵州高原上的璀璨明珠，熠熠生辉，光彩夺目。

全州总面积 3.03 万平方千米，辖凯里、丹寨、麻江、黄平、施秉、镇远、岑巩、三穗、天柱、锦屏、黎平、从江、榕江、雷山、台江、剑河 16 个县（市）。境内居住着苗、侗、汉、布依、壮、土家、水、瑶、仫佬、畲等 47 个民族，是贵州省 3 个民族自治州中成立最早、面积最大、少数民族人口比例最高的自治州，也是全国 30 个自治州中人口最多的自治州。截至 2018 年年末，黔东南苗族侗族自治州常住人口 353.83 万，户籍人口 481.19 万。少数民族人口占 81.34%。其中，苗族人口 207.95 万，占 43.22%；侗族人口 146.32 万，占 30.41%。

在半殖民地半封建社会，黔东南交通闭塞，劳苦大众深受统治阶级的剥削和压迫，祖祖辈辈过着衣不蔽体、饥寒交迫的生活，挣扎于水深火热之中。

黔东南是中国人民解放军进军大西南、解放贵州的第一站。1949 年 11 月 8 日，时为黔东南政治经济文化中心的镇远宣告解放，当即设立镇远专区，全州各族人民迎来了新的曙光。

1956 年 4 月 18 日，国务院批准撤销镇远专区，建立黔东南苗族侗族自治州。1956 年 7 月 23 日，黔东南苗族侗族自治州正式成立，并将州府迁建于凯里县。1983 年 8 月，国务院批准撤销凯里县，建立凯里市。

1978 年 12 月，党的十一届三中全会吹响新的前进号角，黔东南苗族侗族自治州迈开了改革开放的坚定步伐，从此，这块古老而沉寂的土地上足音如鼓，干部群众踏上了消除农村绝对贫困、稳定解决温饱、脱贫致富奔小康的新征程。进入 21 世纪以后，黔东南苗族侗族自治州相继采取了一系列重大改革举措，不断发掘新的增长动能，开辟发展路径，经济建设、政治建设、文化建设、社会建设、党的建设和生态文明建设都取得了前所未有的新成就。

从 2000 年开始，州委、州政府积极响应党中央作出的西部大开发战略决策，突出重点，把握难点，抓好以交通为重点的基础设施建设；加强生态环境保护和建设；调整结构，大力发展优势产业和特色经济；加快民族文化与生态旅游大州建设步伐；抓好小城镇建设，加快城镇化进程；大力发展非公有制经济。党的十八大以来，坚持以脱贫攻坚统揽经济社会发展全局，牢牢守好发展和生态两条底线，实施“大扶贫、大数据、大健康”三大战略行动，统筹推进各项工作。

由于历史、地理、自然等条件的限制，黔东南苗族侗族自治州一直是贵州省最贫穷的地区之一。1978 年，农村贫困人口达 280 万，占全州总人口的 90% 以上，每年需从外调进 310 万千克粮食，才能解决群众的吃饭问题。在党中央的亲切关怀下，从 1986 年起，州委、州政府集中人力、财力、物力，以解决温饱为主要目标，进行有组织、有计划、大规模的扶贫开发。党的十八大以后，经过持续不懈的艰苦奋斗，全州“精准扶贫，精准脱贫”工作取得了显著成效，长期困扰黔东南的农村贫困问题，得到全面而彻底的解决，2020 年与全省、全国一道同步全面建成小康社会。

1949 年中华人民共和国成立之初，全州仅 9 个县、15 个区（镇）通公路，有质量低劣的公路 548 千米，通车率约为 70%；水利、电力、通信等基础设施建设几乎一片空白。地区生产总值 6288 万元，人均 37 元；工业总产值 227 万元；农业总产值 8425 万元；粮食总产量 41.19 万千克，平均亩产 162 千克，人均 241 千克，人民群众的生活十分困难。

中华人民共和国成立以后，特别是改革开放以来，黔东南苗族侗族自治州最显著的成就是增速发展。国民经济快速增长，综合实力显著增强。全州地区生产总值 2018 年突破 1000 亿元大关，按可比价格计算，增长 44 倍。城镇居民人均可支配收入 3 万多元，农村居民人均可支配收入超过 1 万元。

州内建成了株六铁路复线、黎平机场、凯里黄平机场、玉（屏）凯（里）高速公路、三（穗）黎（平）高速公路、厦蓉高速公路及贵广高铁、沪昆高铁过境段。2018 年，全州境内铁路运营里程达 476 千米，其中高铁 282 千米，昂首迈入了高铁时代。全州公路通车里程达 3 万千米，其中高速公路 890 千米，实现了县县通高速、村村通油路、组组通水泥路的目标。形成了以凯里为核心交通枢纽的“北上、南下、东出、西进”的立体化现代交通运输体系，“建设大交通，带动大流通，促进大发展”的发展思路成为现实。昔日由于山高水远而“锁在深山人未识”的苗乡侗寨，如今步入了航空高铁新时代，织就了“两高铁”“两机场”“多高速”的现代立体交通网络，从而打破了大山的阻隔，联通了山里山外的世界，拉近了与世界的距离。

2006 年 7 月，总投资 65 亿元，总装机容量为 100 万千瓦的国家西电东送“十五”重点工程三板溪水电站下闸蓄水，形成 4333.3 公顷的水库。建成的三板溪水电站，坝高位居全国第二、世界第三。还相继建成了凯里电厂、舞阳河梯级电站、挂治水电站、白市水电站等大中型水电站。黔东南成了“黔电入湘”“黔电入粤”“西电东送”的重要电力供给地。

生态建设稳步推进，先后实施了天然林资源保护、退耕还林、石漠化治理等六大林业重点工程，森林资源的三大指标均实现“三同步”增长。全州自然保护区（点）16 个，面积 22.81 万公顷。全州森林面积 200.6 万公顷，森林覆盖率达 67.98%，居全省第一，素有“森林之州”的美誉。

加强环境保护和江河治理，全州集中式饮用水源地水质达标率达到

100%；城市（县城）环境空气质量达标率达到 98.9%；一批县、乡、村寨获得了国家级、省级“生态村”“环境优美乡镇”“生态县”等荣誉称号。黔东南苗族侗族自治州被列为全国生态文明示范工程试点，雷山县被列为贵州省生态文明先进示范区。

全州广大城乡实现电视、通信信号全覆盖，即便僻处一隅的深山村寨，也昂首迈入了大数据、云计算、互联网和 5G 技术等现代通信技术高速发展的新时代。

保护、传承与开发并重，文化旅游实现井喷式发展。1997 年，黔东南苗族侗族自治州被联合国教科文卫组织列为世界十大“返璞归真，回归自然”旅游胜地之一；1998 年，被世界乡土文化保护基金会列为全球 18 个民族文化生态保护圈之一。这里有世界最大的苗寨——西江，世界

2016 年 7 月 22 日，黔东南苗族侗族自治州举行建州 60 周年盛大庆祝活动（姚宁　摄）

最大的侗寨——肇兴，世界最古老的情人节——苗族姊妹节；有因粗犷豪放而被称为“东方迪斯科”的舞蹈——反排木鼓舞；有被称为“天籁”的侗族大歌，曾唱响法国巴黎；有委婉动听的苗族飞歌，曾被苗族女歌手带到维也纳金色大厅。黔东南苗族侗族自治州的民族服饰种类繁多、绚丽多彩，共有 64 个大类，包括 200 多个品种。民族餐饮独具特色，苗族酸汤鱼、侗族腌鱼腌肉，已作为黔菜入选中国名菜大典。截至 2021 年 11 月，黔东南苗族侗族自治州有各级文物保护单位 1000 多处。其中，镇远青龙洞古建筑群、黄平飞云崖古建筑群、增冲鼓楼、地坪风雨桥、旧州古建筑群、黎平会议会址、隆里古建筑群、三门塘古建筑群等 20 余处被列为国家重点文物保护单位；有省级文物保护单位 98 处。镇远被列为国家历史文化名城，旧州、黎平成为国家级历史文化名镇，郎德、西江、增冲等 7 个村被列为全国名村。10 个苗族村寨、12 个侗族村寨被列入中国世界文化遗产预备名单。全州非遗申报工作成绩显著，侗族大歌成功申报人类非物质文化遗产代表作，目前有国家级非遗项目 56 项 78 处，省级 218 项 307 处，州级 329 项 417 处，县级 1590 项；有非遗代表性传承人国家级 48 人、省级 170 人、州级 294 人、县级 4013 人。

全州有国家级传统村落 409 个，数量排名全国市（州）级第一位；国家级重点文物保护单位 20 余处，有 1 个国家级自然保护区，2 个国家历史文化名城，1 个中国特色小镇，2 个国家级自然风景名胜区，2 个国家级生态博物馆，3 个国家级森林公园，3 个中国民间艺术之乡，3 个中国民间绘画之乡。到黔东南苗族侗族自治州可领略“魏晋遗风、唐朝发型、宋代服饰、明清建筑”。黔东南苗族侗族自治州民族节日众多，据统计，传统的民间节日达 100 多个。因此黔东南苗族侗族自治州被称为“神奇之州”“歌舞之州”和“百节之乡”，被专家学者誉为“人类疲惫心灵栖息的最后家园”。

随着交通条件的改善，黔东南苗族侗族自治州旅游业发展驶入了“快车道”。2008 年第三届贵州省旅游产业发展大会，2015 年首届中国传统村落黔东南峰会，2018 年第十三届贵州省旅游产业发展大会在黔东南

青龙洞远眺（姚宁　摄）

苗族侗族自治州相继召开。这些会议充分显示了黔东南苗族侗族自治州的民族文化和自然生态“两个宝贝”的独特魅力，为打造“国内外知名民族文化旅游目的地”探索了路径，积累了经验。2016年，国家旅游局授予黔东南苗族侗族自治州“中国苗侗风情国际旅游目的地”品牌称号。同年，黔东南苗族侗族自治州入选《纽约时报》全球最值得到访的52个旅游目的地。其入选理由是苗乡侗寨保留了舒适的生活节奏和最淳朴自然的生活场景。2017年，黔东南苗族侗族自治州又被美国CNN评为“中国最美的30个地方之一”。国内外游客纷至沓来，助推全域旅游井喷式发展。

发展无所谓先后，一路向前；攀登无所谓高低，一路向前。黔东南苗族侗族自治州后发赶超，正一步一个脚印地走向辉煌。

天堑变通途

“要致富，先修路。”这是黔东南人对交通的理解，也是黔东南人对交通的渴盼。如今，黔东南大路朝天，南通北达。

黔东南苗族侗族自治州山高坡陡，沟壑纵横，历史上十分闭塞，中华人民共和国成立后，自治州各级党委、政府坚持推进以通村公路、通县高速、城市路网和邮政为重点的基础设施建设，基本建成了“高速公路为骨架，国省干线为支撑，县乡道为脉络，小康路为基础”的公路网体系，初步形成“公、铁、水、空”联运的立体综合大交通格局，助推经济社会不断向前发展。

1949 年，境内有公路 8 条，只有 9 个县、15 个区（镇）通公路，总里程 500 多千米。由于建设标准低、质量差，加上长期失养，实际能通车的里程只有 300 多千米。经过数十年的努力，到 2018 年年底，全州公路总里程 3 万千米，是 1949 年的 50 多倍。累计建成“组组通”硬化路 9200 多千米，30 户以上村民组都通了公路。高速公路通车里程为 890 千米，占全省通车里程的 13.8%。黔东南苗族侗族自治州实现了“县县通高速、村村通油路、组组通水泥路”的目标，形成了以凯里为核心交通枢纽的“北上、南下、东出、西进”的立体现代交通运输体系。

1958 年 5 月，黔桂铁路经过麻江县境 34.5 千米，结束了黔东南苗族侗族自治州没有铁路的历史。2018 年，全州境内铁路运营里程达 476 千米，其中高铁 280 多千米，进入了高铁时代。黔东南苗族侗族自治州与全国各大、中、小城市联通融合，并快速地融入珠三角“三小时经济圈”和长三角“八小时经济圈”，给经济、社会带来了更多的发展机遇。

1949 年之前，黔东南境内有 5 个抗战军用机场，后全部毁坏。2005 年，黔东南苗族侗族自治新建成黎平机场，并正式通航；2013 年，凯里黄平机场建成并投入运营。这两个机场均为国内支线机场，飞行区等级为 4C，空中航线渐成网络。

凯里市公交总公司拥有 80 多条公交线路、700 多辆公交车，并在全省率先实现全州公交一卡通。凯里市实现全域公交一体化。

沪昆高速贵州三穗颇洞立交桥（陈沛亮　摄）

高铁开进苗乡侗寨（姚宁　摄）

黔东南苗族侗族自治州境内有大小河流 2900 多条。以𣲗阳河、清水江和都柳江为主干，境内干支流总长 2600 多千米。通航里程为 1200 多千米，占全省内河航道里程的 40%，实现内河航运连湘接桂。

邮政建设始终不停步，如今形成了以自治州首府凯里为中心，四通八达的现代邮政和速递网络，建立了覆盖城乡的邮政局（所），邮件处理信息系统日益完善。

交通的快速发展和巨大变化，使昔日“锁在深山人未识”的苗乡侗寨不再山高水远，如今步入了航空、高铁的新时代，形成了“两高铁”“两机场”“多高速”的现代立体交通网络，天堑变通途。铁轨上动车飞驰，高速公路上车流滚滚，蓝天上飞机飞行，江河上船舶穿梭，彻底打破了大山的阻隔，通江达海，拉近了黔东南苗族侗族自治州与世界的距离。

凯里城市公交（姚宁　摄）

小蓝莓 成就大产业

2021 年，麻江县又迎来了蓝莓的丰收年。全县共出产蓝莓 3 万多吨，产值近 6 亿元，蓝莓产值创造新的纪录，成为黔东南苗族侗族自治州水果产业的标杆。这标志着麻江县精品水果种植取得了跨越式发展，蓝莓已成为黔东南苗族侗族自治州富农兴县的示范支柱产业。麻江县先后被授予“全国农业标准化优秀示范区”“国家级出口食品农产品质量安全示范区”“国家有机产品认证示范区”“国家农村产业融合发展示范园”“麻江蓝莓中国特色农产品优势区”“国家现代农业产业园”等称号，“麻江蓝莓”被国家质检总局认定为“国家地理标志保护产品”。麻江蓝莓已成为黔东南苗族侗族自治州绿色产业的一张耀眼的名片。

1999 年年末，麻江县在宣威镇光明村龙奔水果示范基地试种 1000 株草莓，成为中国西南最早试种草莓的区域，产业发展的星火被点燃。

2002 年，麻江县通过考察试验，投资 40 万元，在试种成功的基础上，再种下 8000 株蓝莓种苗并获得成功，坚定了发展蓝莓产业的信心。

2003 年，麻江县在先期 9 个蓝莓品种的基础上又引入 3 个新品种试种，均获得成功，麻江县大面积推广蓝莓种植的时机成熟。

规模种植的先决条件，首先是解决苗木问题。从外面引种成本太高，县里没有经济支撑。县里把培育苗木的任务交给县果品办：克服困难，科技攻关，自己动手解决种苗繁殖难题。县里出台政策，鼓励果品办的干部职工筹资入股，进行蓝莓育苗技术攻关。

在县领导的重视和鼓励下，2004 年，县果品办全体干部职工东拼西凑，或者以个人工资做担保向信用社贷款，多渠道筹措资金，完成麻江县杏山镇长冲湾蓝莓育苗基地建设，建成 5 栋 2000 平方米的育苗大棚，建成 20 亩母本园及采穗圃、10 亩苗木移植圃。经过一年的艰苦努力，通过反复实验，攻克兔眼蓝莓绿枝扦插繁殖技术难关，苗木生根成活率达 85% 以上，成为国内为数不多的掌握兔眼蓝莓绿枝扦插繁殖技术的单位。当年，培育蓝莓苗木约 5 万株。

2005 年，为丰富麻江蓝莓品类，适应不同的市场需要，果品办再次引入适宜高海拔地区冬季低温时间长的高丛和半高丛蓝莓 7 个品种，在麻江县杏山镇长冲湾苗圃试种并取得成功。当年共育苗木 60 万株，并成功总结蓝莓早实丰产栽培经验，为规模化种植栽培奠定了坚实的基础。先后引进两家育苗企业，共建苗圃 500 亩，并在麻江县中等职业学校建成蓝莓苗木组织培养室 1 间。麻江蓝莓繁育技术日臻成熟，当年县果品办申报的“蓝浆果（蓝莓）引种繁殖及早实丰产无公害栽培技术”获贵州省科技进步奖。

2007 年，麻江县完成总规模为 6 万亩的麻江县蓝莓产业基地建设规划。此后，多家企业入驻麻江，种苗产能迅速提升，蓝莓种植面积进一步扩大。

2008 年，中共麻江县委、县政府将蓝莓列为麻江县主导产业，明确将各类涉农和基础设施建设项目重点向蓝莓产业倾斜，至此，麻江蓝莓种植产业驶入发展的快车道。

麻江山春园千亩蓝莓园（张旭东　摄）

采摘蓝莓（姚宁　摄）

2011年，对原有规划进行调整完善，制订了总规模为8万亩的蓝莓产业基地建设总体规划。2012年，县果品办建设翁保村标准化蓝莓苗圃，又有多家企业入驻麻江，苗木生产能力进一步增强，蓝莓种植面积不断增加。当年，麻江县以有机蓝莓基地为建设内容，被国家认监委列为国家有机产品认证示范创建区，是贵州省首个有机产品认证示范创建区。

2013年，县果品办扩建翁保村标准化蓝莓苗圃到150亩，贵州瑞蓝果业科技发展有限公司在碧波镇建成300亩蓝莓苗圃，两个苗圃均内设育苗大棚、组织培养室、新品种试种区、采穗圃、移植圃、基质拌料场等功能区，配备自动喷雾、电动遮阳、移动苗床等先进设施，年育苗量达320万株以上，是黔东南苗族侗族自治州内设备最先进、功能最齐全的蓝莓苗圃。麻江蓝莓产业基地从县东部的宣威、龙山两镇开始辐射到东部的下司镇及中部的杏山、贤昌、碧波等3个乡镇。麻江县以标准化蓝莓基地为建设内容，被列为国家农业标准化优秀示范区。

2014年，全县共建成蓝莓苗圃6个，年育苗量达600万株以上。麻江蓝莓种植规模继续快速扩大。当年麻江县以蓝莓出口基地为建设内容，被列为国家级出口食品农产品质量安全示范区。

2015 年，“麻江蓝莓”地理标志证明商标在国家商标局成功注册。全县蓝莓种植面积达到 4.7 万亩。

2016 年，“麻江蓝莓”获批国家地理标志保护产品，麻江县获农村产业融合发展试点示范县称号。

2017 年 11 月，“麻江蓝莓”被列入农业部 2017 年度全国名特优新产品公示目录（果品类）。以麻江蓝莓基地为主体，麻江县国家有机产品认证示范区创建工作通过验收，获批为国家级有机产品认证示范县。借助中央电视台广告扶贫项目，麻江蓝莓作为“一县一业”主导产业，申报贵州省脱贫攻坚子基金蓝莓全产业链项目获批实施，总资金 6 亿元。

2018 年，推行主导品种产业化种植，明确“灿烂”“莱克西”“蓝美 1 号”等品种为主栽品种，开展标准化蓝莓基地建设，共新建蓝莓标准化基地 10000 亩，提升改造中低产基地 3000 亩，全县麻江蓝莓种植面积达 5.8 万亩。

2019 年，麻江蓝莓种植面积达 6.23 万亩，占全州种植面积 13.94 万亩的 44.69%，占全省种植面积 22.45 万亩的 27.75%，占全国种植面积 83.16 万亩的 7.49%，是全国县级单位种植面积最大的县。

到 2021 年 10 月，麻江县蓝莓种植面积达到 7.73 万亩，当年鲜果产量达到 3.1 万吨，产值约 5.8 亿元。这里成为黔东南苗族侗族自治州最大的优质果品基地，也是目前中国最大的蓝莓种植基地。

桃李成蹊香满园

中华人民共和国成立70多年来，黔东南苗族侗族自治州的教育事业发生了翻天覆地的变化。特别是改革开放40多年来，黔东南苗族侗族自治州教育事业在不断发展中取得新突破、迈上新台阶。基础教育强基固本效应持续增强，义务教育发展渐趋均衡，高中教育捷报频传，职业教育、特殊教育成效明显，高等教育实现大众化。

中华人民共和国成立之初，黔东南经济社会十分落后，只有少数人能上学读书。全地区有小学579所，在校学生仅4万余人；中学16所（含高中4所），在校学生不到3000人；师范学校2所，在校学生仅数百人。全州共有教职工1766人。小学适龄儿童入学率仅为19%。文盲占总人口的97.3%，每百人中识字者不到3人。在干部职工队伍中有不少是文盲、半文盲。

经过70多年努力发展，黔东南苗族侗族自治州的教育事业旧貌换新颜。州里不断加大对教育事业的投入力度，为教育事业的发展提供了坚强的物质保障。所有县（市）区全面实现了“两基”，人口覆盖率达100%，中小学教育由“普初”“普六”“普九”到九年义务教育，实现了县域内城乡基本均衡发展。改革开放以后，黔东南苗族侗族自治州教育事业驶入发展快车道，教育事业迅猛发展。1997年全州实现了基本扫除青壮年文盲的目标。

花园式凯里学院（李勇　供图）

到 2018 年年底，黔东南苗族侗族自治州幼儿园发展为 1500 多所，实现了乡镇、街道办事处公办幼儿园全覆盖。学前三年入园率达 90.01%，基本建成了覆盖城乡、布局合理、公益普惠、质量有所保证的学前教育公共服务体系。全州有小学 660 所，教学点 803 个，小学在校生 37.18 万人，小学净入学率 99.27%。全州义务教育巩固率为 93.7%。有小学教师 2 万多人，学历合格率为 99.74%，其中具有本科及以上学历的占 81.18%。城乡义务教育学校实现了校校有多媒体，“班班通”信息化教学以及配备计算机室、理化生物实验室、图书室、音乐室、美术室、体育器材室等“八大功能室”；建有塑胶跑道，教学基础设施趋于完善。全州 16 个县（市）先后通过了国家义务教育均衡发展验收。

从 20 世纪 90 年代中期开始，高中教育与义务教育阶段的初中逐步分离，高中教育得到了较快的发展。2001 年，贵州省开始启动省级示范性普通高中创建工作，州委、州政府和各县（市）对创建省级示范性普通高中十分重视，加大高中基本建设投入，扩大高中办学规模，改善办学条件。2002 年，凯里一中成为黔东南苗族侗族自治州第一所省级二类示范性高中。到 2018 年，全州省级示范性普通高中发展到 16 所。通过创建省级示范性普通高中，极大地丰富了普通高中优质教育资源，整体增大了全州普通高中办学规模，提高了管理水平和教育教学质量。全州普通高中扩大到 45 所。普通高中教师 6600 多人，是 1978 年的 3.5 倍。高中教师学历合格率为 98.45%，其中具有研究生学历的占 2.15%。全州高中阶段毛入学率达 90.2%，高考成绩稳定上升。

2019 年，黔东南苗族侗族自治州高考取得令人瞩目的成绩，高考录取率为 87%。凯里一中等 5 所本土名校为国家输送了大批优秀学子。中华人民共和国成立 70 年来，黔东南苗族侗族自治州共产生了 12 名全省文、理科状元。全州累计向全国 985 高校输送了数以万计的优秀学子。

黔东南苗族侗族自治州中等职业教育从 20 世纪 90 年代中期开始调整和发展。从 2013 年起，黔东南苗族侗族自治州各县（市）积极申报贵州省中职“百校大战”建设项目学校，加大投资力度，进一步加快全州中职学校基础能力建设，积极改善办学条件。到 2018 年，全州中等职业学校发展到 27 所。职校开设有学前教育、汽修、计算机等 45 个与市场需求紧密结合的专业。

美丽的凯里学院（李勇　供图）

全州特殊教育有了较好的发展，2018 年，全州有特殊教育学校 8 所，在校学生 2867 人，残疾儿童少年义务教育入学率为 89.6%。特殊教育从无到有，实现有序健康发展。

高等教育经过艰难曲折的发展，取得巨大突破，从没有高等学校到建成省内有一定影响的综合类大学凯里学院，并实现面向全国招生。到 2021 年 10 月，凯里学院有教职工 934 人，其中，正高级职称 147 人，副高职称 357 人，博士 126 人；有全日制在校学生 1.1 万余人，外国留学生 61 人；共有 18 个教学分院，开设 56 个本科专业和少数民族预科。全州高等教育毛入学率超过 36%，按照联合国高等教育毛入学率达 30% 的标准，黔东南苗族侗族自治州实现了高等教育大众化。

绿水青山
也是金山银山

被誉为“歌舞之州、森林之州、神奇之州、百节之州”的黔东南苗族侗族自治州，森林覆盖率达 67.98%，是不折不扣的生态文明家园。

中华人民共和国成立以来，黔东南苗族侗族自治州林业工程的建设和发展取得了令人瞩目的成就。黔东南苗族侗族自治州的林区作为全国 28 个重点林区之一，也是全国 7 个杉林中心产区之一，在贵州省的 10 个林业县中，黔东南苗族侗族自治州就占了 8 个。黔东南苗族侗族自治州的成功做法是兴办林场，深根厚植。在造林经营形式上，坚持国家、集体、个人一齐上，以集体和联户造林为主；在造林育林方法上，实行人工造林、封山育林、飞机播种造林多法并举，以人工造林为主。实行一般造林、基地造林、义务造林和四旁植树相结合，以基地造林为主。在林种上以用材林、经济林、防护林、薪炭林和特种用材林相互补充，和谐发展。以用材林为主，把营林生产不断推向新水平。1950—1987 年，全州完成造林 2100 多万亩。大办各种林场，全州集体林场最多时达到 951 个。

全州把灭荒绿化当作常抓不懈的工作来落实，促成全社会办林业的局面。经过几十年的艰苦奋斗，广大干部群众把休养生息之地打造成一座座青山，森林面积、活立木蓄积量和森林覆盖率都取得了可喜的成绩。境内森林密布，植物种类繁多，原始森林与人工林并存，常绿阔

雷公山茶场（陈沛亮　摄）

叶林、常绿落叶阔叶混交林、落叶阔叶林、针叶林、针阔混交林、灌木林、灌丛林、高山矮林、高山灌丛草甸等，不同森林类型应有尽有。完备的林业生态系统、发达的林业产业体系、繁荣的林业文化体系，储备了丰富的环境资源和经济资源，为黔东南的生态安全和生态文明做出了积极的贡献。台江古生物化石群、雷公山、月亮山、八舟河、清水江、㵲阳河等 11 处列入全省生态地标名单，云台山成为贵州省第三个世界自然遗产。

林业发展理念已由种树解决温饱转变为经营森林资源，发展林业生态文明建设。依托丰富的森林资源与浓郁的民族风情，将自然景观与人文景观融为一体，促进了旅游业的长足发展。黔东南苗族侗族自治州建有雷公山国家级自然保护区、雷公山国家森林公园和云台山国家森林公园。积极开展生态文化村创建活动，并涌现出岜沙、八舟、望城、西江和南花等一批全国生态文化村。

丰富的自然资源，为黔东南苗族侗族自治州旅游经济的发展插上金色的翅膀。

登临山巅
天下小

黔东南苗族侗族自治州的通信事业从无到有，从学习到创新，从跟随到引领，从崛起到腾飞，从“荒地”到“绿洲”，让人无限感慨。

尤其是近10年来，全州电信在网络能力、用户规模、信息化建设等方面都经历了极其深刻的变革，从架空明线、同轴电缆到光导纤维，从固定电话、卫星通信到移动电话，从模拟通信技术到数字通信技术演进，从移动通信只支持语音通信的第一代模拟移动系统，到2G、3G、4G、5G，网络能力极大提高。通信业务从单一的电报、传真、电话会议到视频聊天、“互联网+”、物联网、天翼云等新型业务，都实现了信息化建设与新型工业、城镇化、农业现代化的深度融合。1999年，州移动公司挂牌运营，到2014年年末，全州就有2G、3G、4G基站共6147个，交换机容量共577万门，16个县市城区及乡镇实现4G网络全覆盖，并完成贵广高铁的覆盖。2008年，融合后的黔东南苗族侗族自治州联通综合实力极大增强，当年年底，移动网络就覆盖了全州16个县市。其中，县城覆盖率达100%，重要乡镇覆盖率达99%，旅游名胜覆盖率达100%。2017年后，以移动互联网为平台的新兴业务如雨后春笋般涌现，互联网电商、金融支付、网购、外卖、共享经济等各式各样的新业态快速地改变和影响着人们的生活，为“光网黔东南”“满格黔东南”“小康讯”提供了有力的网络保障。

而今，黔东南人仅凭借一部手机，就可以搞定吃、住、行、游、购、娱，旅游将因此变得顺畅。丹寨、黎平等9个县获“国家级电子商务进农村综合示范县”称号。凯里工业云建成，这是全省第一个在市州建立的区域工业云。州大数据管理局的协调服务和统领发展能力不断加强。

迈入云时代，争做弄潮儿。今天，黔东南苗族侗族自治州正以迅捷的步伐在“大数据云海”中开创的新天地，同时，坚持“数据是资源，应用是核心，产业是目的，安全是保障”的理念，重点打造“基础设施层、系统平台层、云应用平台层、增值服务层、配套高端产品层”5个

黔东南苗族侗族自治州首府凯里山城一隅（莫章海　摄）

层级产业链，积极发展“核心业态、关联业态和衍生业态”三类业态，不断推动大数据与各行各业的深度融合和发展。

通信事业的飞跃发展，不仅满足了人民群众的需求，同时也成为黔东南苗族侗族自治州对外联系的桥梁，极大地改善了全州的投资环境，为吸引国内外资金投入、加快少数民族地区建设，特别是文化旅游产业的开发，巩固脱贫攻坚成果，都创造了良好的通信网络条件。

村村通电话，人人有电话，已不再是难事。大山深处，高山之巅，村民们打开微信，就可以与远在城里打工的亲人视频通话。电话让远方的亲人近在眼前，世界也因此变得很小、很近。

第二章 民族要览

苗族文化综述：踏过千山万水，筑就和谐家园

黔东南苗族侗族自治州是苗族人口最多、最集中的地区，占全国苗族总人数的四分之一。

苗族，可追溯到上古时期最先居住于黄河中下游地区的蚩尤部落。黄帝至尧、舜、禹时期，“三苗”战败后迁至江汉平原，后又因战争的波

“姑妈”回家过佳节（莫章海　摄）

苗族芦笙会（莫章海　摄）

及，逐渐向南、向西大迁徙。

到东汉时，分布在沅江流域的苗族被汉文化典籍称为“五溪蛮”。这支苗族的一部分迁徙到湘西和广西，然后逐渐进入黔南和黔东南。

因此，苗族进入黔东南的路径有两条：一是沿沅江支流上溯㵲阳河和清水江，即由湘西进入黔东南地区；二是由广西的西北进入都柳江流域的黎平、从江、榕江等地，再迁徙到其他地区。从湘西进入黔东南的苗族，大部分居住在清水江流域，从广西进入黔东南的苗族，则大部分居住在都柳江流域。

黔东南地处云贵高原东部，贵州省的东南部多山，山与山重重叠叠，平地极少，“跬步皆山，高原苍莽”是其自然环境的生动写照。因此，历史上生活在黔东南的苗族，在生产生活上极为艰难困苦。但同时，在与大自然搏斗的过程中，又不断创造出具有自己独特风格的建筑、饮食和

苗寨（莫章海　摄）

服饰等文化，为黔东南山区的开发做出重要的贡献。

到元代和明代，尽管黔中地区已发展为贵州的政治、经济、文化中心，黔中南地区的苗族已经与当时的朝廷有着密切的政治、经济联系，但以古州（今榕江县）为中心的黔东苗岭山脉和清水江、都柳江流域（即今天的黔东南苗族侗族自治州）与外界保持着隔绝状态，极少受到外界的影响，使得苗族的经济社会发展十分缓慢。直到清雍正六年（1728），随着清政府对黔东南实行改土归流政策，这里才被列为“化内之地”。但是，由于山地重重阻隔，交通十分闭塞，这一地区仍是自我封闭的状态。到了晚清和民国时期，黔东南苗族社会依然缺乏文化交流，发展缓慢。

1949 年中华人民共和国成立后，在中国共产党领导下，苗族同胞同各民族一道融入新中国，走进新社会，经过几十年不断努力，社会经济发生了沧海桑田的变化。

苗族吊脚楼

在黔东南，苗族大多居住在雷公山区和月亮山区，由于山高坡陡，开挖、平整地基极其困难。苗族村民养成了适应自然的生存法则，因地制宜，依山就势，撑木为基，于是古香古色的吊脚楼应运而生，并由此组成傍山层叠而上、鳞次栉比、颇为壮观的一座座苗族山寨。

在修建时，先是把斜坡挖成“厂”字形的上下两层土基；每层进深

西江苗族吊脚木楼（陈沛亮　摄）

乌东苗寨（莫章海　摄）

约两米，总面积约为100平方米，上下两层高度相差约1.5米，层与层之间的山壁和外层山体用石头砌成堡坎。建房时，将靠山一侧的房柱置于上层开挖的地基上，外侧落空的柱脚直接延伸出一排长度一致的木柱，直达下层地基，共同支撑起整栋木房，从而解决在陡坡上建房地基面积狭窄的矛盾。

在楼房构造上，均采用穿斗式结构，飞檐翘角。每排房柱5~7根不等，甚至也有9根的，即“五柱四瓜”。吊脚楼低者七八米，高者十三四米。在柱子与柱子之间用瓜或枋穿连，组成牢固的网络状结构。一般以四排三间为一幢。有的除了正房外，还搭有一两个偏厦。木房共3层，底层用作家畜和家禽的栏圈，以及放置农具、杂物等。中层住人，正中间为堂屋，中堂前为两扇大门，门上方刻有龙凤浮雕。大门两边各有一窗。门前设有走廊通道，宽约1米。走廊前檐下，装有穿透而制作精美的靠背栏杆，称“美人靠”。堂屋两侧的立帖一般加柱，楼板也加厚，因为这里是家庭的主要活动空间，也是宴会时吹笙跳舞的迎客间，更是妇女绣花、挑纱、织锦、打花带、晾纱、晾衣的场所。左右侧房多为卧室和客房。此外，每层楼还旁设木梯，可与楼上层和下层相接；上层多用于存放粮食，是一家人的粮仓。偏厦多为设置厨房之处。整栋楼宽敞明亮，门窗左右对称，窗格子均为形状不同的图案。除堂屋大门外，各间的房门均为独扇。有的人家还在侧间设有火炕，冬天可烧火取暖。整栋木楼做工精细，板壁全部用抛光的杉木板封装，悬柱多为八棱形、四方形，下方悬端还多雕有绣球、金瓜等装饰。屋顶盖杉木皮（现在都盖青瓦），显得平顺严密、大方整齐。虽经百年风吹雨打，但整栋楼仍坚固结实，可住多代人。

黔东南苗族吊脚楼，为中国南方特有的歇山式穿斗挑梁木架干栏式传统建筑形式，为干栏式建筑在山地条件下富有特色的创造，已被现代建筑学家认为是独特的生态建筑形式，堪称世界一绝。

穿在身上的历史

黔东南苗族服饰丰富多样，为我国少数民族服饰中最绚丽华美的民族服饰之一。它是中华服饰文化中的一朵奇葩，也是民族文化的瑰宝，已有几千年的传承历史。

苗族虽然没有本民族流传下来的文字，但是苗族同胞有强烈的认同感和文化传承责任，靠世世代代口传身授，就将流传千年的故事、先民

剑河县展留苗族服饰（陈沛亮　摄）

雷山县西江苗寨苗族服饰　（陈沛亮　摄）

居住的城池、迁徙漂泊的路线等，点点滴滴地融入这些服饰文化中，一针一线地绣进衣冠服饰里，世代“穿”承，永不忘怀。因而，苗族服饰被中外学者誉为“无字史书”和“穿在身上的历史文化”。

由于苗族先民迁入黔东南的时间有先有后，定居后又受到所处环境和周边文化的影响和制约，因而也就自然而然地形成多个在地域上相对稳定的服饰文化圈。从大类上看，以苗岭为界，其大致可分为清水江流域和都柳江流域两种服饰文化圈；从小类细分，则有不下两百种，也就是有多少个宗支就有多少种服饰类型，每个宗支的服饰都有着不同的式样和纹样。因此，苗族服饰既丰富又多彩。如在自治州首府凯里市，苗族服饰就分为舟溪式、巴拉河式、湾水式和凯棠式等。又如在台江县，分为方你、方秀、方白、方白央、方南、方翁、翁芒、革一和后哨 9 种类型。再如在剑河县，由于共有 9 个支系，也就分为 9 种类型。而榕江县的百鸟衣、超短裙，雷山县的牛角银饰、长裙，黄平县的银凤冠、银项圈和银腰带，丹寨县的蜡染、锦鸡服，从江县的大襟上衣、百褶短裙……无一不令人大开眼界。总之，不同地区的服饰风格迥异，哪怕在一些相邻的村寨之间也有着很大区别。所以，黔东南是我国乃至世界上苗族服饰种类最多、保存最完好的区域，被称为“苗族服饰博物馆”。

苗族服饰在质地上一般为家织布、灯芯绒、平绒、织贡尼、士林布等，颜色一般为青、蓝等色，以醒目的色彩、繁复的装饰和耐人寻味的文化内涵著称于世。集刺绣、蜡染、织锦、银饰等精湛技艺于一体，款式古朴，格调典雅，尤其是盛装服饰非常具有视觉冲击力，也具有很强的文化审美价值。

其中，图案是服饰上重要的装饰，承担着传承本民族历史文化的重任，因而具有一定的文字表达功能，被赋予继承民族传统、纪念祖先和传承祖训等内涵和意义。苗族喜用原始信仰组合图案，尤以龙、狮、蝴蝶组合变形为多。但因历史久远，很多图案所代表的文字功能和传达的特定含义也蒙上了一层神秘的色彩，无法完全解读，这也是其独特的魅力。

盛装，为苗族人节日和婚嫁时穿着的华贵服饰，集中体现了苗族服饰艺术的最高水平。各种图案是其生活环境及周边景物的高度浓缩，表现苗族妇女极为高雅的审美情趣。其构图严谨、对称、协调，每幅绣图均有主、副图案，内容取材广泛，涵盖天、地、人、神、植物、动物等，天地万物，兼容并畜，往往一种图案就融会多类内容，让远古传说和现代生活的内容和谐共存。

苗族服饰是中国服饰艺术的活化石。目前，一些支系的服饰及其制作技艺已入选国家级、省级非物质文化遗产名录。

洒满山梁的苗族古歌

黔东南的苗族古歌，属于苗族的地方传统民间文艺范畴，是在原始神话传说的基础上逐渐发展起来，并在一代代先民们长期的生产劳动中演绎和丰富起来的史诗。它在苗族社会中占有极其重要的地位，是苗族口传文学的典型代表、古代神话的总汇和古代社会的百科全书。

古歌规模宏大，内容包罗万象，从宇宙的诞生、人类和物种的起源、开天辟地、洪荒时期，到苗族的大迁徙，以及苗族的古代社会、物质生产、日常生活等，几乎无所不包，较为系统地讲述了古代苗族先民的社会生活。其由《金银歌》《古枫歌》《蝴蝶歌》《洪水滔天》《溯河西迁》5

村民同唱苗族古歌 （姚宁 摄）

组计 20 首组成，共 1.5 万行。歌中共塑造有名有姓的人物 100 多位，其中一部分人物形象丰满、性格鲜明。每首古歌既单独成篇，又与上下篇幅相互连贯。除具有历史学、民族学、哲学、人类学的价值外，还具有教育、审美和娱乐等方面的重要社会功能。

古歌的特点：全诗属五言体结构，演唱形式上则为盘歌问答和歌骨歌花交替演唱，一般由 4 个人及以上分别组成两个对唱组，往复进行，直至终场。古歌歌词运用古今对比的方式叙述，每段歌词可以反复吟唱，充满浪漫主义和理想主义色彩，大量运用比喻、夸张、排比、拟人、反问等多种修辞手法，生动地反映了苗族先民对天地万物以及人类起源的理解。古歌的表现手法简洁明快、通俗质朴、想象力丰富、气势恢宏。

在苗族社会的重要活动中，如“鼓社祭”、婚丧仪式、亲友聚会、民间节日等，都要演唱古歌。苗族群众认为，在这些活动中唱古歌，才可以得到祖先的庇护，才会免除灾祸、家庭和睦、子孙兴旺、生活幸福。他们甚至认为，在丧葬仪式上唱古歌，还能起到给亡灵指路的作用，让亡灵回到当年祖先生活过的地方，落叶归根。其中最隆重的演唱活动，则首推“鼓社祭”。这是一个定期的祭祖活动，仪式非常复杂。每举行一项仪式，都要请歌师演唱。每到农闲季节时，人们还会自发地聚集在巫师、理老、寨老和歌手家中，听他们演唱古歌。演唱一旦开场，人们就陶醉其中，经常要唱上几天几夜。歌声洒满了山寨，洒满了田野，洒满了山梁，令听众入迷。听到高兴之处，个个兴高采烈，笑声阵阵；听到悲伤处，人人潸然泪下，齐声叹息。

苗族古歌充分展示了人类童年时代的美好品德和不甘屈服的英雄气概，生动地展示了一幅幅苗族先民认识自然的壮丽画卷，处处表现出先民不屈不挠的进取精神和实现美好理想的奉献精神，从而给子子孙孙提供丰富的精神食粮。

2006 年 5 月 20 日，苗族古歌被列入第一批国家级非物质文化遗产名录。

反排木鼓舞

反排木鼓舞，因流传于台江县方召镇的反排村而得名。该村距县城东南28千米，位于群山环抱、两山夹峙的一个山坳里，有200余户人家，房屋以木结构吊脚楼为主，依山而建。

苗族的木鼓舞久负盛名，各村各寨都有人跳，后因历史原因基本失传，像反排木鼓舞这样保存下来的极为珍稀。

反排木鼓舞从木鼓的制作到鼓点的敲击、舞蹈的动作等均有其独特之处。

首先，木鼓又细又长，约有1米，敲出的鼓点急时如雷鸣暴雨，缓时如水滴轻坠，舞蹈则以激越的鼓点为主节奏，由踏步、腾跃、翻越、甩同边手脚等基本动作构成，人们随着鼓点的变化，以头、手、脚大幅

豪放的台江县反排木鼓舞

度摆动，其动作粗犷豪放、洒脱和谐、潇洒刚劲、激越豪迈、热情奔放，表现了山区苗家人顽强的性格和强大的生命力，显示了全体族人相亲相爱、团结互助、不忘历史的精神风貌，是苗族舞蹈中的精华，也是苗族文化活动的活化石，更是世界民族舞蹈文化中的一朵奇葩。

其次，舞蹈时动作踏二四拍，舞者头、肩、腰、臀等各部位的律动均稳定在一节拍时统一进行。全身运动以胯为动力点，同边手脚同方向舞动，头、手、脚开合度大。整个舞蹈均模仿虫、鱼、鸟、兽的动作，变化时矫健敏捷、灵巧活泼、流畅洒脱。舞蹈分为高斗（斑鸠）舞、高斗大（斑鸠合翅）舞、扎夏（五祖宗）舞等 5 个部分，分别表现了苗族先民从东方迁徙而来时昼夜兼程、跋山涉水、披荆斩棘、打猎御敌、开垦田土、共祭祖先等情景。跳舞时，不分男女老少，一起以木鼓为中心，或围成一圈，或围成多圈，轮流跳舞，并有部分人边歌边舞，以此助兴。在场中央当击鼓手的两名女子一边击鼓，一边唱道："大家快来跳舞吧，不跳鼓节日过去了，鼓节日一时不回来，我们很难有舞跳！"歌声嘹亮，很有感染力。

1990 年，反排木鼓舞表演队到中南海演出，受到党和国家领导人称赞；后到英国、美国、加拿大、意大利以及东南亚等 10 多个国家和地区演出，誉满海外，被西方媒体称为"东方迪斯科"，已列入国家级非物质文化遗产代表作名录。

侗族文化综述：傍水而居的侗族

这是一个诗意的民族，依山结庐，傍水而居；这是一片宁静的宝地，和谐侗寨，世外桃源。

侗族是一个古老的少数民族。侗语属汉藏语系壮侗语族侗水语支，信仰多神。其先民在先秦以前的文献中被称为“黔首”“骆越”或“僚”，专家学者认为侗族是从古代百越的一支发展而来。

黔东南侗族人口共约146.32万人，约占全州总人口的30.41%，集中分布在都柳江流域的黎平、从江、榕江和清水江流域的锦屏、天柱、剑河等县，㵲阳河流域也零星分布。他们主要从事农业，兼营林业和渔猎，手工业很发达，出产香禾糯和稻花鲤。侗乡也称“杉乡”，盛产优质杉木。

侗族信仰多神。祖先、山神、土地神、水神、井神、树神、石神、火神、雷神均是崇拜对象。南部地区崇拜的女神称为“萨”，意为“祖母”。传说这位“萨”是古代侗族的一位女英雄，神通广大，主宰人间的一切。因此南部地区的侗寨都建有“萨坛”，每年的新春是祭“萨”的时节，届时全寨举行盛大的祭典。此外，侗族还信奉佛教和道教，明清以来侗族地区建有不少寺庙和道观。

酒，在侗族饮食中占据极其重要的位置。侗家人所饮之酒，多以优质糯米酿成，家家户户都会酿制。侗家好客，以酒为礼，以酒为乐，以

黎平侗寨风光（莫章海　摄）

酒开道，平时则以酒消除疲劳。糯米、油茶、酸菜和鱼是侗族人民最喜爱的传统食品，这些食品与民族习俗息息相关，是公认的侗家风味。

大部分侗家人日进三餐，很多地方早餐习惯吃油茶，而把午餐称为早饭。进餐时一般都摆矮桌短凳，合家围桌而食。每逢年节或贵客临门，则烹制牛瘪（又称“百草汤”）、烧鱼、红肉等美味佳肴。

侗族服饰的布料，过去以自纺、自织、自染的侗布为主。20 世纪 80 年代以后，侗家人已普遍使用机织细布，而自织的侗布则成为馈赠亲友的礼物。侗家人善于编织侗锦，服饰多种多样，不同年龄、不同季节、不同地区均有不同的装饰。有左衽、右衽、对襟；有布扣、铜扣、银扣；有裤装、裙装；有青、蓝、黑、白各色；有头饰、颈饰、胸饰、腰饰、手饰、腿饰、脚饰等。千变万化，美不胜收。

侗族大多选择在水边居住，村寨一般具有依山傍水的特点，坐落在群山环抱之中。或江河湖畔，或溪沟泽旁，渠塘密布，小桥缀连，寨前流水潺潺，寨后梯田层层，寨旁古木参天，环境十分优美。多数

从江县高增乡占里侗寨（陈沛亮　摄）

村寨旁边是块盆地，称作“坝子”。大的侗寨六七百户，小的侗寨也有二三十户。

侗寨的房屋建筑，一般是用杉树建造的木楼，有一至二层的小楼，也有三到四层的高楼。近河或陡坡的地方，依山就势建造吊脚楼。一般是楼上住人，楼下圈养牲畜或堆放草料杂物。侗寨一般由民居、鼓楼、寨门、寨墙、戏台、谷仓、禾晾、水井、水碾、水沟、池塘、石板路等不同功能的建筑和设施组成，留下一串串古老的符号。

鼓楼和花桥是侗寨的标志性建筑。一般的村寨建有一座到两座鼓楼，较大的寨子则按宗族建造，一座鼓楼就是一个宗族的灵魂。鼓楼建筑手法综合了中国木质结构的干栏式、穿斗式和抬梁式工艺，底部呈方形或多边形，中央设有火塘，四周配有长凳。多数鼓楼内不分层，贯通到顶。外廓密檐重瓦，翼角高翘，飞阁流丹，层叠而上，最高处置葫芦宝顶，气势雄伟。形式有四面倒水、六面倒水、八面倒水等数种，檐板有反映侗族风情的彩绘。从江增冲鼓楼为国家级文物保护单位，是鼓楼建筑的杰出代表。

鼓楼不仅是侗族建筑艺术的结晶，更是侗族文化的载体。自古以来，

都柳江畔的侗寨（邬学军　摄）

凡聚众议事、制定村规民约、调解民事纠纷、动员抵御兵匪等重大活动均在鼓楼下进行；逢年过节，迎宾送客，对唱大歌，踩歌堂（又称“多耶”）等活动均在鼓楼旁进行。平日里的闲暇时光，人们则聚集在鼓楼内休息，弹琵琶，唱古歌，说古谈今。

有河必有桥。桥梁大都建筑在村前寨尾的交通要道上，有木桥、石拱桥、石板桥、竹筏桥等。其中名为“风雨桥”或“花桥”的长廊式木桥，亦桥亦廊，亦楼亦亭，以独特的艺术结构和高超的建筑技巧驰名中外。

风雨桥以青石砌墩，用巨大的杉木连排做桥身，上建桥廊，并在桥的两头和中间建有鼓楼式的阁楼，上盖小青瓦。桥的两边设有栏杆长凳，供行人遮风避雨和休息。在侗乡，风雨桥随处可见，如今有的则是在钢筋水泥桥梁上建造，也十分壮观。

侗族地区被人们称为“诗的家乡，歌的海洋”。唱歌在侗族人民的社会生活中占据极其重要的地位。年长者教歌、年轻者唱歌、年幼者学歌成为了社会风习。大歌、琵琶歌、拦路歌均是侗族音乐的优秀代表。

大歌是侗族音乐中的精粹，主要特征是在音乐上形成了复调结构与表现手法。侗族民间有传统的歌班、歌队组织，每逢节日，或歌队出访，或迎接歌队来访，以对唱大歌的方式获得声誉。歌班演唱时，一人领唱与众人合唱相结合，分高低声部，其完整的多声部结构合唱是中国目前所发现最优美的民间合唱之一，被誉为“天籁”。

“多耶”是侗族古老的歌舞结合的舞蹈形式，是侗族地区最喜闻乐见的娱乐活动。参加活动时，人们手拉着手或以手搭肩围成一圈，有节奏地踏步徐行，一人领唱众人和。

侗族节会众多，有全民族普遍过的节日，也有一村一寨、一族一姓单独过的节日。侗年、春节、尝新节、三月三、四十八寨歌节等节会尤为隆重。

近水的民族自有水的特质，温柔而善良，执着而坚忍。

侗族鼓楼

鼓楼是侗族村寨的标志性建筑。有鼓楼的村落，必定是侗族村寨。鼓楼以奇特的建筑形式、独特的文化功用，成为侗族文化中的珍宝，与侗族大歌、侗族花桥并列为国家级三大文化瑰宝，人称“侗族三宝”。以鼓楼为代表的侗族木构建筑营造技艺，2006 年已成功入选国家级非物质文化遗产名录。许多鼓楼掌墨师也分别成为省级、州级非物质文化遗产代表性传承人。

侗族鼓楼文化的历史非常久远。清代雍正年间，就有关于侗族鼓楼的文字记载：“……侗人以巨木埋地作楼高数丈，歌者夜则缘宿其上……”历史上鼓楼是侗族人民族姓群体的标志和集会议事及进行娱乐活动的场所。一寨一姓一鼓楼，通过鼓楼，可以了解这个村寨有多少个族姓。

从江增冲鼓楼（姚宁　摄）

鼓楼因楼上置鼓而得名。在侗族历史上，凡有重大事情要商议，无论是起款定约，还是抵御外敌匪盗侵扰，均击鼓号召群众。平时无事不能随便击鼓，一但有急事，由寨中“头人”登楼击鼓。洪亮的鼓声响彻村寨山谷，迅速把村人集中起来。现在，鼓楼是民间老艺人传歌编侗戏、侗寨老年人教歌、青年人唱歌、少年人学歌的场所。

从外观上看，鼓楼是一种极富有视觉效果的建筑。一座建好的鼓楼，楼顶

从江县高增侗寨鼓楼（陈沛亮　摄）

是连串葫芦形的顶尖，犹如塔尖直刺苍穹。中部是层层叠楼，楼身形如宝塔。楼檐一般为四角、六角、八角。六角的俗称“六面倒水”，每一分水的突出部分都有翘角，它的重檐层层叠叠，从上至下，一层比一层大。鼓楼底部多是正方形，四周有宽大结实的长凳，供人歇坐。中间是一个或方或圆的大火塘。基本的轮廓如巨杉、下大上小、重檐叠加，重檐数量皆为单数，最少的有 1 层，最多的达 21 层，这是由于侗族把奇数视为吉祥之数。

鼓楼是侗族最有特色的代表性建筑，无须图纸，由侗族自己的工匠自行设计、自行施工。通体为本质结构，不用一钉一铆。鼓楼以杉木做建筑材料，选材还有一定讲究。建造鼓楼的主要大梁柱、照面枋，是由族中德高望重的长者选定。要求木质优良，首尾匀称，树形笔直，树龄较长。未优先标记，其他用材不得取用。鼓楼榫眼衔接，顶梁柱拔地凌空，排枋纵横交错、上下吻合，层层支撑。制作建筑构件时，掌墨师用一根竹竿做的丈竿、一把弯尺、一只墨斗、一支墨笺，在原材料上进行丈量勾画标记后，交由其他徒弟加工。错综复杂的金瓜梁枋、斗拱支柱，衔接无隙，严丝合缝，分毫不差。鼓楼结构严密坚固，可历经数百年风吹雨打而不朽不倒，充分体现出侗族能工巧匠高超的建筑技艺。

据统计，全国现存鼓楼 630 余座、花桥 500 余座。黔东南苗族侗族自治州黎平县有鼓楼 320 座、花桥 290 座，均占全国数量的 50% 以上，堪称“侗族鼓楼、花桥建筑博物馆”。其中黎平县肇兴侗寨是全国最大的侗族自然寨，人称“侗乡第一寨”，那里有 5 座鼓楼、5 座花桥、5 座戏楼，肇兴鼓楼群已被载入吉尼斯世界纪录。黎平县岩洞镇述洞村独柱鼓楼是侗族鼓楼的雏形标本，也已被载入吉尼斯世界纪录。

侗族大歌

侗族大歌被誉为“清泉般闪光的音乐”，它拥有穿越时空、走进人的心灵的力量。

侗族大歌顾名思义是侗族人唱的歌，侗语中称“嘎老”，“嘎”就是歌，“老”具有宏大和古老之意。侗族大歌源远流长，但因侗族无文字，叙事、传记、抒情等都是通过口传心授，加上历史和社会原因，侗族地区交通闭塞，长期以来偏居一隅，鲜为人知。

大歌是侗族多声部歌的总称，按内容和风格分类，可分为声音大歌、抒情大歌、礼俗大歌和叙事大歌；按音色分类，可分为男声大歌、女声大歌和童声大歌。它是一种“众低独高”的音乐，至少需要 3 个人才能演唱，一般都是歌班和歌队演唱。每个歌班至少有 1 个领唱、1 个高音

黎平黄冈侗族大歌会演（姚宁　摄）

从江县高增乡小黄村千人侗族大歌（姚宁　摄）

和若干个低音。几乎每个侗寨都有歌班，有的侗寨多达二三十个。歌班的组建遵循同族、同姓、同辈的原则。侗族孩子从小就进入歌班学习，由本族或本寨经验丰富的歌师专门教授。

在音乐上，多声部、无指挥、无伴奏是侗族大歌曲式结构的主要特点；优美、和谐是其鲜明的艺术风格；歌师教歌、歌班唱歌是其全民性的传承方式。

模仿与刻画自然和声是其演唱特点之一。在声音大歌中，常常模拟蝉鸣、鸟叫、流水等自然之音，惟妙惟肖。歌声犹如小河流水、天上流云，旋律婉转悠扬、节奏多变，体现侗族人民对自然的热爱以及朴实纯真的特质，这是侗族大歌演唱的特色，也是侗族大歌的自然根源。如《蝉之歌》就是模仿夏天蝉鸣而创作的大歌。鼻腔共鸣和舌尖颤音，是侗族大歌两大典型的演唱技巧，也是大歌演唱的亮点。

侗族大歌是人类最古老的歌谣之一，也是我国保存的优秀古老艺术遗产。作为多声部民间歌曲，它在多声思维、多声形态、合唱技艺和文化内涵方面都属罕见。其中声音大歌如天上流云、山间溪泉、林中蝉鸣，是侗族音乐乃至中华民族音乐的瑰宝，被西方音乐界誉为“掠过古梦边缘的优美旋律”。

自 20 世纪 50 年代以来，侗族大歌被越来越多的人认识和喜爱，其艺术魅力也得到了充分的展现。1953 年 10 月，由黎平县岩洞村吴培信、吴山花、吴雪花、吴培略 4 名女青年组成的歌队，在北京举行的全国首届民间音乐舞蹈会演中表演，第一次将侗族大歌推向全国性舞台，引起人们的广泛关注。进入 21 世纪，特别是被列入联合国人类非物质文化遗产代表作名录后，侗族大歌在国内外演出的场次与日俱增，表演者参加中央电视台春节联欢晚会、全国青年歌手大赛以及国内外大型节会演出等，还曾随国家领导人出访，深受国家政府的重视和各国人民的欢迎。

从江县万人侗族大歌（姚宁　摄）

侗族戏剧

侗戏流行于黔东南苗族侗族自治州的黎平、从江、榕江，广西的三江、龙胜、融水，湖南省通道侗族自治县等侗族居住区。“源”在贵州，“流”于广西、湖南，一戏跨三省区。

侗戏产生于 19 世纪 30 年代清道光年间。作为一种艺术形式，其源头是侗族的说唱艺术。大约在明清之际，侗族的说唱艺术开始兴起。这种说唱之风，在黎平、榕江、从江等县尤其盛行，侗戏就是在说唱艺术的基础上产生的。

侗戏鼻祖吴文彩是黎平县腊洞寨人。他是个廪生，就是由官府补助伙食费的读书人，通汉文、爱唱歌、精音律。相传他年轻时曾四处出游，且酷爱戏剧，看过彩调、阳戏、花灯等汉族戏曲。为了弥补侗家人看不

从江县高增乡芭扒村的侗戏演出（陈沛亮　摄）

侗戏（姚宁　摄）

懂“汉戏”的遗憾，他吸取阳戏、彩调、花灯、桂戏的艺术成果，以汉族唱本为蓝本，在侗族说唱文学的基础上，借用阳戏的七字句曲调、伴奏形式、伴奏乐器和二人移位、转圈的表演形式，成功地创造了侗族人民喜闻乐见的民族剧种——侗戏，其代表作是《梅良玉》。

流传至今的侗戏剧目有500余个，其中传统剧目200多个，新编和改编的剧目有300多个。一个传统侗戏剧本，本质上就是一首侗族长篇叙事歌。

侗戏演出多为业余性质，演出团体是以村寨为单位组成的民间业余班社。活动时间主要在每年的春节、二月二、三月三及本寨子的会期等，同时伴随酬神还愿等民俗活动。侗戏班一般多在本寨演出，但也以做客的形式受邀到别的村寨演出。

侗戏的演出形式有一定的规矩，演出前一般先由师父祭坛或用锣鼓闹台，以祈求先祖神灵和历代侗戏宗师保佑演出成功，然后才开始演出。

戏台大部分是一楼一底的木质吊脚楼。“人”字形屋顶上盖着木皮或青瓦。按其功能可分为专用戏台和兼用戏台。专用戏台分为临时戏台、普通戏台和四合院戏台。兼用戏台分为公坪式戏台、礼堂式戏台和凉亭式戏台，侗寨戏台一般都建在凉亭旁、寨中间，与吊脚木楼相互映衬，相得益彰。加之建筑美观别致，富有浓郁的民族特色和地方特点，给侗寨增添了深厚的文化底蕴。

戏台对联一般书于戏台两侧或戏台立柱之上，对仗工整，寓意深远，字数不限，奇偶均可。比如：“看不见姑且听之，何必投机钻营，拼命挤开前面者；站得高非能久也，莫仗一时得意，挺身遮住后来人。”

侗戏已列为首批国家级非物质文化遗产。

畲族文化

黔东南苗族侗族自治州的畲族，主要分布在麻江县和凯里市，其中麻江为全省最大的聚居县，约 3.5 万人居住于此。在 1996 年以前，畲族被称为“东家”，一直是待识别民族，直到 1996 年才被认定为畲族。

麻江畲族拦门酒（姚宁　摄）

在漫长的历史长河中，畲族形成了自己的系统文化。他们崇拜万物，尊重自然，有着自己信奉的理念，形成独有的内部管理体制。

在居住方面，畲族人多建房于台地、山湾、溪边和河岸。楼房多为木质结构瓦顶三开间，村寨周围多有古枫，门前喜栽翠竹，环境幽静。服饰上，过去均穿自制的青色或蓝色土布衣物，男子着长袖长衫并扎青布腰带，或着布纽扣短汗衫，下穿大裆便裤。女装为自绣无领花排肩长袖，袖口绣有一圈5~6寸的花边，衣长过臀部，腰系绣花围腰，下穿粗料青布裤子，或包上蜡花白裹腿。此外，妇女还佩戴银质手镯、项链、耳环，将头发拢向后侧绾成髻，包上藏青色或蜡花头帕。婚姻上有自主婚和媒妁聘婚。宗教上，有祖先崇拜和图腾崇拜。凤凰为该民族的图腾。节日有正月的“跳月节”、四月初八的“牛王节”等。丧葬上，凡年龄在36岁以上的正常亡故者，葬礼有送终、陪饭、送猪、喊饭、家祭、客祭、开路、安葬等程序。

畲族文化还有粑槽舞、凤凰装、舞蹈和武术等。其中，粑槽舞为一种独有的丧葬舞蹈，集祭祀、娱乐于一体。原始的粑槽舞是在丧葬活动中进行的，即将粑槽反扣在地，一人击鼓引领，三人手持冲杵随鼓点用力冲击木槽，使之发出有节奏的声音，意为击鼓相送。其粗犷的舞姿体现了畲族人豪放的性格，是畲族人之间相互认同的重要纽带，在人们的心中具有不可替代的位置。凤凰装则是最重要的女装，分老、大、小三款。其以青黑为底调，色调柔和，是畲族服饰的精华，制作工艺独特，仅刺绣就分“插花”和“挑花”两种，图案构图严谨、配色协调、手工精巧，承载着许多历史文化信息和原始记忆。目前，畲族粑槽舞、凤凰装和畲族武术已列入省级非物质文化遗产保护名录，而开路经列入了州级非物质文化遗产保护名录。

麻江县金竹街道的六堡、仙坝、隆昌、中坝、河山，宣威镇的岩莺、龙山镇瓮里新寨和凯里市炉山镇的角冲、六个鸡，碧波镇的偿班，下司镇的长江等畲寨，还保留着本民族语言和独特的习俗。随着社会的发展，其生产生活条件也发生很大变化。其中，六堡村是“十二五”期间

畲族粑槽舞（姚宁　摄）

全省重点打造的 100 个特色民族文化村寨及麻江县美丽乡村建设示范村。2013 年被列为第二批中国传统村落，2014 年获评“中国少数民族特色民族村寨”。

瑶 浴

瑶族是一个承载着几千年沧桑的古老民族，黔东南苗族侗族自治州的瑶族以从江县为最多。瑶浴泡澡是瑶族的洗浴文化，已有千年的历史，是黔东南最有特色的保健洗浴方法之一。

瑶族生存的地方环境恶劣且多雨多雾，人们很容易受到疾病侵袭。但瑶族村民个个身强体壮，基本上没有关节炎、皮肤病和风湿等疾病，尤其是很多妇女生育后，很少患上妇科病。甚至，瑶族被认为是中国乃至世界上最长寿的民族之一。2006 年，在联合国总部举办的国际妇女健康论坛上，中国瑶族妇女被国际妇女联合会评为“世界上身体最健康的女性”。这与瑶浴有极大关系。

原来，瑶族群众很早就学会识别各种草木的性质，并能利用其枝、根、皮、叶、花等医治各种病症，而瑶浴正是来源于此。由多种草药煮成的浴汤不含任何化学添加成分，沐浴后可保持皮肤干净、细腻，有防止老化、消除水肿、促进代谢、放松肌肉、促进睡眠、减肥瘦身、驱除寒气、缓解压力、消除疲劳、提高免疫力等功能。

瑶浴已成为一种风俗，是瑶族村民生活中不可或缺的一部分。他们配制的泡瑶浴祖传秘方从来不传外人，只限于族人之间流传。而这些秘方几千年来都是以口授形式相传，无文字记载。经统计，这些奇方妙药共有 327 种，要用上黄荆、解毒藤、半枫荷叶等 35 种主要药材。

近年来，随着社会的发展，瑶浴已广为人知，并逐渐走向州内外市场。自2011年以来，从江县在大力开发民族特色产业时，把瑶族传统医药作为重点项目进行开发，许多村都成立了瑶族药浴专业合作社，神奇的疗效吸引着一批批的游客。

瑶浴是瑶族历史以及瑶族医学发展的产物，是民族医药文化的一个范例。2009年，从江县的瑶浴成功入选国家第二批非物质文化遗产保护名录。

从江县斗里乡墩面瑶寨瑶族煮药浴（陈沛亮　摄）

土家族的衙院庄园

衙院土家寨古建筑群，位于岑巩县注溪乡衙院村。这里是一个美丽的土家族山寨，也是古代思州田氏土司的故居。据记载，田氏土司管辖古思州，为贵州四大土司之一，世袭 800 多年。直到明永乐年间，该政权方被裁废。现寨后桐林如海、松杉滴翠，寨前田坝似锦、河水如带。

该建筑群仿衙门样式而建，四周筑有泥石土墙，俗称“衙院”。现存房屋建筑均为古砖石院墙和框架式木结构，占地面积约 2 万平方米，而每座独立庭院又外围砖墙、内建木房。院落之间，有花石巷道相通。砖墙檐下绘有梅、兰、竹、菊、荷花，人字形墙上绘有“书扇叠葫芦”图案；大门呈八字形，门楣正中刻八卦太极图。院内木房以歇山式屋顶为主，分正房、厢房、对厅等，连接成走马转角楼。正房正中是供奉祖先和议事的堂屋，前为吞口，后为巷道，两侧套间为卧室和厨房。堂屋壁上贴有神榜，神榜下装有神龛，堂屋门清一色为六合门。厢房为吊脚式翘角楼，楼上围有栏杆。房门、窗格子上浮雕“龙马腾空”“凤凰展翅”“麒麟昂首”“仙桃献寿”“榴含百子”“书剑传宝”等图案。整个建筑布局合理、结构紧凑，其形制、风格、装饰与摆设，既有汉族传统艺术格调，又有浓郁的土家族建筑特色，极具历史价值、文化价值、艺术价值，代表了当年土司建筑的最高艺术成就。

此外，在该寨目前尚存一对完整的石桅子，见证着田氏鼓励后人勤耕苦读的祖训和家风（明清时期，凡田氏子孙考取功名便立石桅子）。前不久，该寨又出土明朝皇帝颁发圣旨相关的碑刻、功名华表、贞节牌坊等大量石刻，雕刻的人物、动物、花草等栩栩如生，碑刻文字苍劲有力，是不可多得的碑刻精品，很值得史学专家研讨。这些文物是田氏土司一直传承着优秀中华文化的见证。

如今，虽然思州土司文化遗迹大多消失在历史的滚滚烟尘中，但是田氏土司文化仍有部分呈现于世，引起诸多领域专家学者的关注。目前，县民宗局和县文物部门已立项将衙院列入文化遗产进行修复和保护，衙院土家寨已被列入中国少数民族特色村寨。

中华人民共和国成立以来，衙院寨各方面蒸蒸日上，群众生产生活水平都有了巨大的变化，如今演变成一个以侗族、土家族为主的杂居村，共有 400 户计 1500 人，其中有田氏土司后裔 600 多人。他们依然一代代在传承着风情浓郁的土家族文化。而该村除了主产稻谷外，还盛产文旦柚、油菜、花生、早熟蔬菜等，是全乡的优质杂稻制种基地之一。

黔东南苗族侗族自治州岑巩县群众欢庆中国首届农民丰收节（姚宁　摄）

第三章

重大节日

苗年节

苗年节，是苗族最隆重的节日，是上古时代先民们农耕稻作、制定历法的产物。目前，苗年节仍盛行于雷山、榕江和从江等县的苗族聚居区。各地过年的日期不尽相同，但都是在收谷子进仓之后，即农历九月、十月或十一月的辰（龙）日、卯（兔）日或丑（牛）日。如在雷山县，每年得经过各个村寨德高望重的寨老们选定日子，但一般都定在立冬前后的“卯日”。

过年之前，家家户户都把房子打扫干净，并准备了各种年货，如杀猪、做香肠、熏血豆腐、打糯米粑、酿米酒、打豆腐、发豆芽和缝制新衣物等。当夜，小孩子得守岁到午夜时分。天未亮时，男人们就已在厨房里烹制鸡、鸭、鱼、肉等佳肴，并在拂晓时开饭。饭前，先由长辈主持祭祀，即在祖先的神龛前和门口烧纸插香，将米酒、糯米饭、鸡、鸭、鱼、猪肉各一份摆于地上，以示迎接祖先们一起过年，嘴里叨念“祖先快来喝酒吃饭，希望保佑全家老少平安健康，保佑来年丰收”等吉语。祭毕，将酒肉摆满堂屋正中的圆桌或长桌。接着，在门前燃放长串鞭炮，以示接“龙”进家门，也宣布正式开饭。席间，一家人欢声笑语。吃完饭，由家中少年男子端上鸡腿和糯米饭作为礼物，专程上叔伯家拜年。午后，族内各家之间开始走动。宴中，女人们唱歌敬酒，男人们划拳喝酒。苗年节期间存在一些禁忌，如自初一到初三，不许出外挑水，不许往外倒水，不许上山砍柴割草，不许扫地，不许做针线活和煮饭等。到第四天，身着苗族服装的中老年人纷纷挑上酒、肉、糯米粑等礼物走亲访友，或在家接待来客。身着盛装的男女青年，则轮流到各个寨子里吹芦笙、跳芦笙舞。村村寨寨飞歌、酒歌此起彼伏，将节日的气氛推向高潮。凡是来客的人家，酒宴往往持续到下半夜乃至第二天天亮。此外，人们还举办热闹的斗牛、斗鸟、赛歌等活动。夜里，情侣们则统一到寨旁的游方场上对歌、谈情。整个节日历时 5~12 天方能结束。而很多人家男婚女嫁的喜事也选在这段时间里操办。

近年来，雷山县委、县政府对苗年节文化活动尤为重视，积极以民

跳芦笙舞过丰年（陈沛亮　摄）

观众B区
贵宾区
直播媒体区

盛大的苗年节活动（姚宁　摄）

族节日助推乡村旅游产业发展。自2000年以来，雷山县已连续10多年举办盛大的“中国·雷山苗年文化活动”。每次活动中，上千名身着盛装、银饰闪亮的苗族姑娘和身着古装便服的老年人，举行大巡游后聚集到大广场上，集体欢跳传统的铜鼓舞和芦笙舞，全方位展示雷山县丰富的非物质文化遗产。同时，还举办精彩激烈的斗牛、斗猪、斗鸟等活动。狂欢2~3天后，各村各寨还要举办5~7天的盛会，让这一古老而又风情浓郁的民族民间活动大放异彩，吸引国内外游客纷至沓来。

苗年节已被列入国家级非物质文化遗产代表性项目名录。新修订的《黔东南苗族侗族自治州自治条例》规定，从2020年开始，每年的苗年节在农历十月初七放假一天。

侗族萨玛节

“萨”是侗语，意为祖母或奶奶；“萨玛”即大祖母，含有先祖母之意。萨玛节就是祭祀先祖母的节日，是流行于榕江县、黎平县、从江县及周边侗族地区的民俗，也是侗族南部方言区最古老而盛大的祭祀性节日。

祭萨玛，一般安排在春秋两季，即农历一二月份或九十月份的吉日举行，活动一般为 3 天。萨堂也称为“社稷坛”，地处寨子中心，萨坛设在萨屋内，采用鹅卵石砌成半圆形石坛，上插一把半开的黑伞，伞顶上挂一把扇子，台前放 3 只小茶杯，坛下多埋有铁三角、铁锅、火钳、银帽、木棒、铁剑，放有石子堆、剪纸等。

祭萨玛有两种形式。一种是平时祭祀。即逢过节、斗牛、吹笙、演侗戏，或遇重大突发事件，比如遭遇外敌入侵等，可以随时祭祀，求萨玛保佑平安。另一种则是一次性祭祀。这种祭祀因对供品要求很严，时间间隔较长，比如供品中要有九层蚁房、可横盖大路面的野葡萄、一株无风自颤的蓍草、一勺两江汇合处的漩涡水、一撮朽木中自生的浮萍。上述供品十分难寻，因此三五年不一定能找齐，当然现在对供品的要求也没有那么严格了。

祭萨玛后，参加活动者绕寨一周，最后到达固定的耶坪（广场），围成圆圈，手拉手跳舞，齐声高唱赞颂萨玛的“耶歌”。这种边唱边舞的形式称为“多耶”，气氛古朴而热烈。

在侗族萨玛节中，规模较大的要算榕江县三宝侗寨，从每年农历正月初二起，持续长达半个月。节日期间，身着盛装的侗族男女在寨老的带领下，到萨玛祠放鞭炮、铁炮，并吹笙、唱歌，祭祀萨玛神，祈求保佑五谷丰登、六畜兴旺、寨子吉利、老少平安。祭祀完毕，众人唱大歌，吹芦笙，举行斗牛等活动，老少同乐。

对萨玛的祭拜始于何时，史无记载。侗族群众中有纪念隋唐时岭南越人首领冼氏夫人起源说；有纪念古代传说中的女英雄杏妮起源说；也有纪念土地神起源说。

唐宋时期，我国民间社稷最盛，社日时的四邻会社成了“社会”一词的起源。清代时，北京社稷坛前常举行献俘的仪式。立社不仅要封土为坛，还要树所谓之木。侗族祭萨玛封土为坛的形式，同《诗经·大雅·绵》里的“乃立冢土”十分相似，侗族称萨玛为祖奶奶、圣母，同人们将孕育万物的大地尊为大地母神、地母、后土等，在含义上极为贴

榕江侗族萨玛节祭祀（陈沛亮　摄）

榕江侗族萨玛节侗族群众跳多耶舞（陈沛亮　摄）

近。侗族祭萨玛在春秋二季，同对土地神春祈秋报的时节十分接近，祈求的内容也大体相同。侗族对封土而立的萨玛坛的恭敬虔诚，表达了对大地的无比敬畏和依恋。

2006 年 5 月 20 日，侗族萨玛节民俗经国务院批准，被列入第一批国家级非物质文化遗产名录。

侗 年

在我国，年的概念是指四季为一岁的交替，不同时代，年的交替在时间上是不同的。上古时曾以冬至为年，汉代曾以腊为年，而现代意义上的年则始于魏晋时期。不同民族，由于其使用的历法不同，过年的时间也不尽相同。

其实，侗族人很早就有了岁时始末的概念，认为五谷丰登、六畜兴旺、一切农耕事务完毕的秋后，便是劳作的一年已经过去，新的一年到来的时候。因此，有的地方把农历十一月当作新春的岁首，有的地方则视为旧年的终末。旧岁过去，新年到来，禾谷满仓、禽畜满圈之际，家家户户就杀猪宰羊庆贺新年。

即便同是黔东南地区，因所处地域不同，过侗年的时间亦有差异。黎平县部分地区的侗年是农历十一月初三过；榕江县部分地区的侗年是农历十月底至十一月初过；锦屏县、剑河县部分地区的侗年则在农历十一月底至十二月初过。

过侗年要祭祖、祭神、庆祝丰年，族人同乐。其间的主要活动是打扫卫生、杀猪宰鸡鸭、酿酒、打糍粑、煮油茶、做冻鱼、祭祀祖宗、祭祀诸神、吃团圆饭等。祭神则要分祭桥、祭水井、祭土地庙、祭古树、祭村寨旁巨石等，希望诸神保佑，人畜平安。

每当过侗年之前，外出的人们都要赶回家，即便嫁出去的女儿，也要返回娘家团聚。侗年的前一天，家家户户备好豆腐、鱼虾，用酸水煮熟，冷却成“冻菜”，节日当天便以“冻菜”祭祀祖先。是日，备好各种酸菜、冻鱼、糍粑以馈亲友，叫“吃杨粑”。过农历大年时，对方亲友要还礼，称“还杨粑”。除夕之夜，人们以肉食为主，忌食蔬菜。煮的米饭多于平日，以示“年年有余”。

侗年期间，不少地方还举办踩歌堂、跳芦笙、对歌、赶花园、斗牛、演侗戏等集体活动。也有些年轻人以此时为婚嫁假期，举办婚嫁仪式。锦屏县彦洞、瑶白与剑河小广一带的侗年，相传是为纪念侗族迁徙。而黎平县佳所、顺化、九层、高更一带的侗年，则是为纪念杨姓先祖报效

从江巨洞斗牛赛场（邹学军　摄）

侗族斗牛庆丰收（姚宁　摄）

国家、奔赴疆场。

侗年中，除了名目繁多的文娱活动以外，最重要的仪式是“斗莎”（即唱祭祖歌）。“斗莎”的目的除了祭祀祖先，还是老人们传承民族优秀传统文化的一种形式。无论是小孩儿、成人，还是新婚伊始的青年人，都要通过“斗莎”，自觉接受为人处世、明辨是非、勤俭持家、尊老爱幼等传统美德的教育。侗年大量的民俗活动，对研究侗族人民的生活历程具有宝贵的价值。

2011 年 5 月 23 日，经国务院批准，侗年被列入第三批国家级非物质文化遗产名录。根据新修订的《黔东南苗族侗族自治州自治条例》第六十八条规定，从 2020 年开始，将每年农历十一月初一确定为侗年，全州公民放假 1 天。

水族端节

在黔东南，水族主要聚居在榕江、从江、雷山和丹寨等县的部分村寨。水族最为隆重盛大的民间节庆，当数端节。端节又叫“借端”“过端”“瓜节”和“水年”。“端”意为“岁首”或“新年”。“借”意为“吃”。这是水族历史最为悠久的节日。

水族有自己的历法。依据规定，端节的时间在水历的年底、岁首谷熟的时节，即水历的十二月到二月（对应农历八月至十月）。在金秋时节

水族群众跳起欢快的芦笙舞庆祝丰收（姚宁　摄）

水族文化传承人王凤勇向水族群众传授水书（姚宁　摄）

庆祝端节，具有辞旧迎新、庆贺丰收、祭祀祖先和预祝来年幸福之意。其间，每逢亥日就是端节，端节长达 49 天，因此，也被称为世界上时间最长、特色浓郁的年节。其中，以正月的第一个亥日为一年的终了和新年的开始，有“继往开来”之意。

相传，远古时，水族的先民兄弟们各在一方，很少见面。只有到了每年谷子成熟之后，兄弟间才开始来往走访、庆祝丰收，加上亥日又是他们的远祖逝世的日子，为了祭祖必须举办纪念活动。因此，大家便按照第一、第二、第三、第四个亥日，轮流过节。所以，至今还是从第一个亥日起，按地区习惯和先后顺序举行，分批过节。

过节前，各家各户都把家里家外打扫干净，锅灶餐具也都要洗净，并舂新米、酿新酒、缝新装，以及开田捉鱼、筹备食品等，准备祭祖待客。除夕夜，人们将铜鼓或大皮鼓悬于庭中，尽情敲击。初一凌晨，男女老少身穿盛装，每家都设素席，庄严肃穆地祭祖，祈祷来年风调雨顺、六畜兴旺、幸福安康。祭品有鱼（水族把鱼视作素菜）、新糯粑、新米饭、新米酒、豆腐、笋干、南瓜、花生、水果、糖、青菜等（祭品不能用其他动物的肉和油）。其中，清蒸或清炖的“鱼煲韭菜”和“炕（烤）鱼”必不可少。然后，全家团聚吃饭。

次日，人们纷纷走亲访友，或成群结队到“端坡”参加活动。每地都有上万人身着盛装，从四面八方会聚在一起，人山人海，尽情欢乐，以跳芦笙舞、斗牛、赛马、表演、竞技、敲铜鼓或木鼓等形式欢度节日。其中，赛马优胜者要披红挂彩，气氛十分热烈。活动结束后，忌荤的规矩也到此为止，家家户户以最丰盛的饭菜招待来客。凡是客人，不管认识与否，热情好客的水族人都要盛情邀请他们到家中待如上宾，以鸡鸭鱼肉及美酒相敬，与客人把酒言欢。夜幕降临后，青年男女则以传统的对歌方式寻找伴侣，诉说衷情。

近年来，由于规模宏大、组织周密、经费充足，端节的庆祝活动举办得很成功，吸引越来越多的参赛者和国内外的游客前来感受水族风情。

由于该民俗至今仍保留着血缘氏族部落时期浓郁的年节遗风，已于2006年被列入第一批国家级非物质文化遗产名录。

甘囊香芦笙会

舟溪镇是凯里市西南方向一个有名的苗族聚居山镇，距凯里市行政中心约 20 千米。这里 93% 的居民为苗族，是凯里市苗族群众比较集中、民族传统文化保持完好的苗族聚居区。这里自然环境独特，云贵高原主脉苗岭穿境而过，海拔较高，生态良好。

这里的群众依然讲苗语、唱苗歌、自制民族服装、制造民族乐器芦笙，他们按照数百年来形成的规律赶场，以自己的节奏过着宁静和谐的日子。正月十五至二十的芦笙会，就是当地最热闹、最有影响力的民族节日之一。

每当芦笙节来临，舟溪镇村村寨寨的苗族群众酿好美酒，杀猪宰羊，抓鸭捉鱼，准备好丰盛的待客礼物，邀请远方亲朋好友来过节。在外打工的青年这个时节也赶回来与家人团聚。

节日里，当地群众自觉筹措资金，举行芦笙舞大赛、民歌比赛、斗牛大赛、斗鸟斗鸡比赛、篮球友谊赛、长跑锦标赛、棋牌友谊赛、赛马、拔河比赛等丰富多彩的民族节日文化体育比赛。凯里及周边的群众都会组队踊跃参加。节日从正月十五起堂开始，至正月十九、二十日到达高潮。节日期间，数万名村民、游客、商贩齐聚，整个舟溪镇人山人海，热闹非凡。

在舟溪镇舟溪村口的再约河畔，有一通古碑——甘囊香芦笙堂碑，早在 1986 年就被定为省级文物保护单位，是凯里为数不多的省级文物保护单位之一。它记述着甘囊香芦笙堂和舟溪芦笙会的来历。甘囊香芦笙堂始建于明代，至今已有 400 余年的历史。“甘囊香”是苗语的音译，意思是河流下游神往的地方。舟溪苗寨脚下长 500 余米、宽 100 余米的河滩就是甘囊香芦笙堂所在范围，是黔东南保存至今仍在使用的最大的天然芦笙场，为舟溪吴氏家族倡议组织兴建的。

每逢正月，各地苗族纷纷庆贺新年，此时更是苗族青年男女自由恋爱的佳期。舟溪一带的苗族在农历正月十六至二十日庆祝芦笙节。正月十六日的清晨，在甘囊香芦笙堂举行隆重的启堂仪式。凌晨，舟溪吴氏家族的“芦笙头”（主持人）扛着芦笙来到芦笙堂，设置好供桌，摆上鸡鸭、刀头等祭品，烧香焚纸，斟上水酒，向先祖祷告新年开始，祈望族人平安、节日顺利，新的一年六畜兴旺、五谷丰登。祭毕，吴氏芦笙手吹响第一支芦笙曲，宣告芦笙盛会正式开始。这时堂内外几百支芦笙一齐吹奏。戴着银花首饰，穿着艳丽节日盛装的姑娘和小伙子们，迎着熹微的晨曦，伴着悦耳的曲调翩翩起舞，拉开节日的序幕。

节日各项赛事活动圆满落幕，青年男女各自找到了中意的伴侣，远近宾朋慢慢散去，这时“芦笙头”又组织族人集中在芦笙堂，再次进行祷告，并向堂神洒酒致谢，在堂中央插上草标。此后芦笙高挂，村人集中精力发展生产，直到五谷归仓时才能取下吹奏。一年一度的舟溪甘囊香芦笙会才画上圆满的句号。

甘囊香芦笙会（杨春岚　摄）

甘囊香芦笙会（杨春岚　摄）

第四章

特产精现

从江香猪

从江香猪是黔东南特产之一，获得全国农产品地理标志。它体形矮小、肉质香嫩、基因纯合、生长环境纯净无污染，处于不同的生长时期都可以宰杀食用。

从江香猪的体形特别矮小，头较直，额部皱纹浅而少，纵行呈倒八字形，头上无旋毛，眼睛周围有一圈无毛眼晕。背毛黑色，稀疏有光泽，亦有少量尾端、四蹄、额心为白色。皮薄骨细，嘴圆而尖，吻端呈粉红色或黑色，耳小而薄，略向两侧平伸或稍下垂。身躯短，背腰宽凹，腹大而圆，触及地面，后躯较丰满，四肢短细，前肢正直。根据其体形分为两类：一类为体形较大，身躯较长，四肢粗短，头大嘴稍粗，耳较大且下垂；另一类体形较小，身躯短，背腰宽，腹大，头小，嘴细，

从江小香猪

炭烤香猪

耳较小且稍竖起，四肢纤细。在数量上以小型居多，占 70% 左右。

从江香猪的特点可以概括为“一小、二香、三纯、四净”。“小”指其体形矮小灵巧、袖珍可爱，一般从两三千克至五六千克，至多几十千克，且成熟较早，两三个月即成佳品；“香”指其肉质细嫩，味带醇香，汤汁清甜，进口后齿颊留芳，回味绵长，素有“一家煮肉四邻香”“齿颊余香三日长”之美名；“纯”指其基因高度纯合，有着极高的医用研究价值；“净”指其生长环境纯净无污染，从江香猪产地山清水秀，无任何工业污染，以放牧野食为主，决不喂配合饲料，为绝对纯净无污染的绿色食品。

从江香猪粗蛋白质含量为 87.41%，含 18 种氨基酸，总量为 73%，其中有助于脑神经健康的谷氨酸占 17.16%，粗脂肪含量为 2.92%。低胆固醇，高谷氨酸，营养价值高，是老幼皆宜的优质蛋白来源，也是制作高档食品的优质原料。符合《绿色食品肉及肉制品》（NY / T843—2009）标准的质量安全要求。

香猪肉拼盘

正因为具备这些特点，1995 年，在北京首届“百家中国特产之乡”命名暨宣传活动会上，黔东南苗族侗族自治州被命名为“中国香猪之乡”；1999 年，获“中国国际农业博览会名特优产品”称号；2006 年，农业部将其列入《国家级畜禽遗传资源保护名录》。

2011 年 11 月 22 日，经农业部批准，对从江香猪实施农产品地理标志登记保护，其地理标志地域保护范围是从江县全境的 21 个乡镇，县境内东西长 94 千米、南北宽 77.5 千米，保护总面积为 3244 平方千米，年饲养量 50 万头，年产量 1600 吨。

对从江香猪的产业化开发，以从江县香猪开发公司为龙头，采取“公司 + 农户”“公司 + 基地”的模式，香猪产业化目标已初步实现。

（本文图片由罗安圣提供）

侗家腌鱼

侗家腌鱼，是侗族最具特色的风味食品之一，为侗家人待客的佳品，在黔东南侗族地区几乎家家户户都制作腌鱼。它储藏于木桶或坛子中，需时取用，不分时节。其色鲜红，其味浓烈，火烤、油煎、生吃均可，肉软皮脆、酸辣回甘、醇香可口，健脾开胃，有助于消化。

侗族是一个农耕民族，以种植水稻为主，在稻田里养鱼，春耕时将鲤鱼苗放入田中，秋收前放水捉鱼，有的水田甚至终年蓄水，直到秋后才捉鱼，实现稻鱼两熟、鱼米丰收。由于鱼产量较高，一时吃不了，就制作成腌鱼储藏起来，慢慢食用，因此侗族人形成了用鲤鱼制作腌鱼的习惯。

侗家腌鱼作为饮食文化，也和侗族的建筑文化、歌舞文化以及礼仪文化一样，有着悠久的历史。

侗家腌鱼（罗安圣　供图）

腌鱼的制作，多半在寒露至霜降这段时间，制作方法：首先，将从稻田里捉来的鲤鱼放在清水里养数日，待鲤鱼将腹内泥

侗家腌鱼（罗安圣　供图）

沙吐净后，再洗净并剖开鱼肚，取尽内脏，但不去鳞，用白酒和食盐腌制；然后，把蒸熟的糯米饭放凉，和以辣椒、花椒、食盐、姜丝，也可掺入用糯米酿制而成的甜酒糟，这样做成的腌鱼会带有甜味。准备好这些原料，就一层鱼、一层佐料糯糟，平铺于木桶内，依次放满。腌完再用禾草把、粽叶片、纱布等盖于其上，称为“鱼被”。鱼被上面盖上圆形盖板，盖板上压以重石，倒入淡盐水，至石块半淹，严防通风漏气。尽管腌鱼存放一两个月就可以食用，但其能够存放的时间很长，甚至存放数年仍不会变质。

腌鱼代表着侗族人民热情好客的品性，同时也是家境富裕的一种象征。在侗寨，如果谁家连腌鱼都没有，就会被视为不勤劳而受到嘲笑。过去由于田鱼产量较少，不到逢年过节、贵客登门或置办酒席等时机，腌鱼不会被轻易品尝到。如今，随着生态渔业工程的成功推广，稻、鱼产量都大大提高，侗族人民做腌鱼有了更加丰富的原料，家家户户大桶小坛，随时食用，四时不竭。

别具风味的侗家腌鱼，吃法也多种多样，可以生吃，亦可烘烤油炸，不同吃法就有不同口感。由于侗寨多分布在高山深谷，历史上交通极为不便，腌鱼的美味曾是“静锁千年不露面，养在深闺人未尝”。随着时代的变迁，随着交通、旅游业的不断发展，侗家特色食品也在不断开发中，如今在城镇酒店和餐厅，都能品尝到味道纯正的侗家腌鱼，还有制作成真空包装的特色食品远销海内外。

央视大型节目《舌尖上的中国》，用大篇幅对侗家腌鱼做了深入介绍，对其制作方式和味道赞不绝口。目前，贵州省已把侗家腌鱼列入少数民族特色旅游产品项目进行开发，博得了四海宾客的赞誉。

苗族姊妹饭

苗族“姊妹节”被誉为东方古老的情人节。其规模较大，内容独特，在历史长河中一直见证着美好的爱情故事。

姊妹节以美丽的姑娘为中心，以展示歌舞、服饰、游方、吃姊妹饭和男女青年交换信物为内容。其中，姊妹饭是女孩子送给情侣表达情意的信物，吃姊妹饭则是一项最重要的礼仪。

农历三月十三日这一天，苗家女孩子到山野采来南烛木叶、姊巅、密蒙花等各色花草，用冷水浸渍和水煮的方法，制成黑、红、黄、绿的各种花草汁液，然后用这些汁液分别浸泡糯米，待汁液完全渗透后，再分别取出过滤，然后将这些各色糯米调匀，放进甑子里蒸煮，煮出了晶亮清香的黑、红、黄、蓝、白五色糯米饭，称“姊妹饭”。这种用野花草汁取色制作的姊妹饭，色彩缤纷、芳香可口，蕴含着最纯真的爱。其中，蓝色象征家乡美丽的清水江，红色象征村寨发达昌盛，黄色象征年年五谷丰登，黑色象征户户殷实富裕，白色则象征纯洁的爱情。

台江苗族姊妹饭（姚宁　摄）

农历三月十五日至十七日为节日活动时间，也是每年最热闹的日子，到处人山人海。白天，女孩子精心打扮自己，身着缀满银铃铛的苗族盛装，从四面八方聚向鼓场踩鼓、跳芦笙舞，尽情展示青春美丽。此外，还开展撮鱼捞虾、斗牛、斗雀、赛马等活动。晚上，青年男女则聚集在公共场所，开展热热闹闹的“游方”——谈情说爱活动。这时，男孩子纷纷主动向心爱的女孩子讨要姊妹饭吃。女孩子则在饭团中放入各种信物，以表达心意。如糯米饭上放着一对红筷，则表示女孩子愿与其成双成对；如只有一支，则是客气地暗示对方不要陷进单相思；如饭上放有辣椒和葱蒜，则暗示对方该知趣地转移目标；如摆上树叶或松针，则暗

苗家姑娘迎远客（姚宁　摄）

示向对方讨要绸缎或丝线，含有“十里姻缘一线牵”之意；等等。节日结束后，男孩子回家时，女孩子则用竹篮盛装五色糯米饭，又在饭里藏匿松针、椿芽、辣椒等爱情标志，将心思和爱情一起送给男孩子。一切尽在不言中，一切又尽在神秘中。

姊妹节万人踩鼓（姚宁　摄）

近年来，台江县坚持将姊妹节与旅游产业发展大会结合举办，还举办苗族盛装游演、千人长桌宴、千人游方体验、苗族手工创意大赛等大型活动，甚为热闹，吸引着四方宾客。2006 年，该县申报的“苗族姊妹节”已被列入第一批国家级非物质文化遗产名录。

血浆鸭

三穗血浆鸭是黔东南一道家喻户晓的名菜。这道菜香、辣、麻、鲜，诸味糅合，色味俱佳，无论酒店宾馆，还是寻常百姓家，均是招待贵客的一道经典菜肴。经过多年开发，现已成为黔东南苗族侗族自治州首府凯里的一道响当当的佳肴。

这道菜之所以声名远播，首先因为食材的特殊。三穗血浆鸭所采用的食材，系黔东南三穗县有名的麻鸭。三穗麻鸭，个头偏小，成鸭一般1.5千克左右，具有生长期长、易于饲养、产蛋多、蛋质佳、肉质细嫩、肥瘦相宜等特点，富含氨基酸、胆固醇低、鲜香味美。相传三穗麻鸭为很早以前由当地老百姓驯化野鸭而成的禽类优良品种。鸭毛赤灰褐色，间杂灰白麻点，故名“麻鸭”。麻鸭为贵州省黔东南三穗县特产，被列为中国地方四大名鸭之一。

制作正宗的三穗血浆鸭，要用正宗的三穗麻鸭，且必须杀鸭留血作为佐料。为了不让鸭血凝固，将少许食盐和香醋调和于小碗清水中，鸭血滴入醋盐水中调匀。

血浆鸭的烹调工序如下。先用农家茶树油或者菜籽油将鸭肉炸至七分熟，这时放入少许食盐翻炒，入味后将肉舀起放在一边待用。再将事先准备好的干辣椒筒、花椒、姜片、蒜粒等配料先后放入锅中油炸后拌炒，先用温火将干辣椒、花椒炒至变色爆香，然后放姜片和蒜粒，再放

血浆鸭

适量糍粑辣（特制配料，用老辣椒泡软拌生姜、蒜粒，在石钵里舂细成胶泥状）、豆瓣酱拌炒均匀，加入少许酱油、料酒调匀，再放进先前炸过的鸭肉一起拌炒，使调料与鸭肉充分融合后，把鸭血倒入锅中，用铲子迅速翻搅，使鸭血、鸭肉、调料全面混合。最后把鸭肝、肠等内杂一起下锅拌炒，再加入少量清水加热煮沸。起锅时，把血浆鸭舀到小火锅里，再撒一把用以调色的鲜茄片、蒜苗段、青椒筒，或者撒一把炸好的花生米，血浆鸭即制作完成。

侗族油茶

油茶是侗族地区最负盛名的美食之一，是侗家人自己特制的民间美食。它不仅味道浓香、甘甜美味，还可以驱寒暖胃、止渴解暑、防病补身，因而受到侗家人的广泛喜爱。

侗家人喜欢喝油茶，已有上千年的历史。究其原因，其中一种科学的说法是，因为侗族人世世代代居住在山区，依山傍水，结庐建寨。环境虽然优美，却普遍空气潮湿、气温寒凉，需要御寒防病，所以油茶便应运而生。此外，侗家油茶还有生津解渴、提神醒脑、解除疲劳、健胃消食等功效。因其味微苦，所以又被称为“侗族咖啡”。

侗族人的早餐主要喝油茶，一般还配有糯米饭。油茶泡糯米饭是侗族人传统的吃法，沿袭至今。侗家人有早睡早起的生活习惯，每日天色微明就早早起床，上坡做农活之前，都要先喝上一碗香喷喷的油茶，干活到中午时分才回家吃午饭。

油茶的制作方法，一般经过三道程序。首先是选茶。通常有两种茶可以选用，一是经专门烘炒的末茶，二是刚从茶树上采下的幼嫩新梢。其次是煮茶。最后是备茶。将事先准备好的茶炒熟，取出放入茶碗中备用。

传统油茶的制作工艺极为讲究，即先将糯米蒸成熟饭，阴干（叫作阴米）备用，作为油茶的主要原料。打油茶时将阴米放进烧沸的菜油锅

侗族姑娘在分茶（金可文　摄）

侗族姑娘们在展示油茶（金可文　摄）

内，炸成香甜爽脆的米花，然后将一把米放进锅里炒到焦黄，再掺和茶叶混炒片刻，加水煮开，过滤之后即成茶水，放入米花、葱花、姜丝、花生、黄豆、芝麻、时鲜瓜菜、红薯等，配以猪肝、粉肠、瘦肉、虾米、酸鱼、酸肉等配菜，就成为色、香、味俱全的可口油茶。

侗家人用美食油茶招待客人时的礼俗讲究且有趣。奉茶就是最基本的礼节，吃油茶时，客人为了表示对主人的感谢，总要一边喝油茶，一边赞美它的鲜美，称道主人不凡的手艺。最有趣的是“吃油茶”一词，又是侗族未婚青年向姑娘求婚的代名词。倘有媒人进得姑娘家门，说是“某某家让我来你家向姑娘讨碗油茶吃”。一旦女方父母同意，男女青年的婚事就算定了。在这里，“吃油茶”一词，其意并非单纯的喝茶，更多的是对男女双方婚姻关系的委婉探试，这就多了一层文化的内涵。

油茶可称为侗族的第二主食。过去，人们不仅早餐吃油茶，每顿饭前都要吃油茶。油茶是招待客人的传统食品，特别是妇女往来，常聚在一起打油茶。吃油茶一般只用一支筷子，客人吃了油茶不还筷子，表示还要再吃；还了筷子，则表示多谢主人，不用再添了。

随着时代的发展，如今油茶的外延不断拓展，它不仅仅为侗家人所喜爱，甚至登上了宾馆酒店的餐桌，成为侗乡人接待亲朋好友的最佳食品。

下司名犬

下司犬，为世界名犬和中华名猎犬，也是我国唯一的世界级猎犬，在世界名犬中排名第三，与牧羊犬齐名，因主产于凯里市的下司镇而得名。

历史上，下司犬的产区居民以苗族为主。由于人们居住于深山峻岭之间，林深草密，山高路险，野生动物较多，就有了打猎和养狗看家守

凯里下司古镇（陈沛亮　摄）

院的习俗。加上自嘉庆十三年（1808）起，下司被辟为商埠，形成集市和重要码头，云贵两省土特产品多集中于此，顺清水江运到湖南洪江、常德，过洞庭湖直达武汉，而湘、鄂、赣的棉花、土布、药材、瓷器等则经船载逆水而上到此起岸，再运到贵阳、安顺等地，因而此地商贾云集，市场繁荣，商铺林立，住户密集，官商们尤为需要养犬护院，一时养犬之风兴盛。尤其是1938年，国民党陆军通信兵学校迁至麻江县时，军犬所设于下司，更是带动了养犬业发展，所以下司犬很早就成为闻名于世的猎犬品种。

经产区长期选育，下司犬在体形、外貌和性格方面形成了一些特征。其成年纯种犬一般身高46~55厘米，体重22千克；按毛的长度分为三

下司犬（潘田源　供图）

类，即长毛、中毛、短毛，俗称“蔗秆毛”，毛色光亮，洁白如玉，毛质粗硬；头部粗大，额头宽平，口方平齐，鼻颈宽大，耳薄直立，脸部和嘴上硬毛直立，犹如针状，相貌凶猛，令人望而生畏。眼圈、鼻、嘴、舌均较红润，双眼皮，眼有神，舌腹面有1~3 个小黑点。躯体胸部深圆，腹小，腰平直。尾直而尾尖向上（鼠尾），四肢强健，足底厚实，脚趾弯钩适中，趾间疏展，奔跑速度快。嗅觉特别灵敏。耐力和爆发力极强，适应性强，耐粗饲。悟性好，忠于主人，对外来入侵者毫不让步。通人性，可观察主人的意图行事，团结性好，知道配合，对外人或猎物非常凶猛，狩猎中能力极强。通过系统强化驯养，下司犬会变得灵活机智，可作为守护犬、观赏犬，甚至警犬、军犬。

下司犬（潘田源　供图）

自 2007 年以来，由于分别在贵阳和下司镇举办多次展示会，下司犬的知名度大幅提高，同时引来更多旅客到下司古镇观光旅游，也带动了很多养殖户养犬致富。今天，下司犬已成为集猎用、观赏于一体的优良品种，是一种宝贵的资源。

第五章 青山绿水

苗岭主峰 雷公山

黔东南山多，却高不过雷公山；黔东南谷深，却深不过雷公山；黔东南林密，却密不过雷公山。

雷公山是清水江和都柳江的分水岭，1982 年和 2001 年，它先后经贵州省政府和国务院批准，设立省级和国家级自然保护区；2002 年，经国家林业局批准，设立国家级森林公园，地跨雷山、榕江、台江、剑河四县，面积近 5 万公顷。保护区内居住约 40 万人口，90% 是苗族。

雷公山地势西高东低，主山脊自东北向西南呈“S”形延伸，主脊带山峰海拔一般高于 1800 米，两侧山岭海拔一般低于 1500 米。经河流强烈切割，地形高差多在千米以上。

雷公山地带性植被，属我国中亚热带东部偏湿性常绿阔叶林，主要组成树种以栲属、木莲属、木荷属为主。随着海拔升高，植被呈现垂直分布特征。这里生长着近 2000 种动、植物，被列为国家保护植物的有 43 种，其中国家一级保护的古老孑遗植物——秃杉群落驰名海内外，是现今世界上少有的两种秃杉之一。被列为国家保护动物的有猕猴、穿山甲和林麝等 11 种，其中的“雷山髭蟾”为新发现的物种。

保护区内有七种特色景观。

穿衣树：海拔 1600 米以上生长的玉兰、杜鹃等树种，因常年低温，云雾缭绕，空气湿润，树枝上长满了黑色的绒毛，仿佛披上了一件寒衣。

苗皇城：相传，海拔 1850 米的雷公坪，曾建有皇城一座，住户上千，名叫“展细雨”王国。至今还常掘出瓦砾、陶具、铁器等物，民宅屋基也隐约可见。清雍乾农民起义军首领“黔兴王”张报九，咸同苗民起义军首领张秀眉也曾以此为根据地，厉兵秣马，反清抗暴。

八卦林：黑水塘一带，因山峦起伏、林高谷深，犹如八卦阵，人迹罕至，即使是当地的山民猎户也极少进入。

飞瀑群：山中飞瀑成群，响

雷公山瀑布（莫章海　摄）

雷公山云海（陈沛亮　摄）

水岩三叠瀑、乌茫千丈瀑、迪庆双瀑及交腊滚牛大瀑布远近闻名。

猴啸谷：距雷毛公路约32千米处有一崖壁名为“猴子岩”，常有群猴出没。若遇猴群疾走，声啸山林，鸣震峡谷，颇为壮观。

千角场：在雷公山黄羊主峰北侧下约5千米有一深谷，谷中溪流淙淙，密林深处藏百亩大湾谷，相传为清咸丰、同治年间苗族起义领袖张秀眉、杨大六在被清军围剿时的大元帅府第，曾藏兵上万，建有粮仓、兵库等。义军在与清军决战前，曾在此携家眷跳铜鼓舞，鼓有12面，有500对银角，故有“千角场”之称。

睡莲池：现雷公山海拔1600米处，有9座山峰如莲瓣，中有一小山似花蕊，溪水环流，如睡莲池中，似瑶池仙境。

保护区内还有“三绝”。

秃杉：有“万木之王”“天然活化石”之誉，是躲过第四纪冰川的孑遗物种，属国家一级保护植物。

佛光：实则为海市蜃楼，常在夏、秋两季出现。

天书：雷公坪点将坛处有一通青石碑，碑面阴刻碑文，千百年来无人可识，被称为“天书”。

世界自然遗产云台山

被列入世界自然遗产名录的云台山，不仅在贵州有名，而且在全国乃至全世界都很有名。

云台山位于施秉县境内，距县城仅 12 千米，属于施秉喀斯特世界自然遗产的一部分，是地球同纬度上白云岩喀斯特地貌保存得最完好的地方。它的主要特点是原始自然生态、天象奇观、奇峰圣水、云海幻象、佛教遗址、道教古刹等自然景观和人文景观融为一体。景区面积 64 平方千米，海拔 1066 米，分为云台山、排云关、黑冲三大旅游片区，主要有笔架山、野牛洞、五指峰、印斗阁、宝石苑、老虎背、渡云桥、周公殿、会仙桥、徐公殿、道庵井、一天花雨、黑冲白云岩簇状峰丛、塔状孤峰、刃状山岭和红军二军团与六军团战斗遗址等景点 30 余处。这里动植物种类繁多，被誉为“植物宝盆、动物宝库”，是贵州东线探险寻幽的旅游宝地。云台山集奇峰、异水、流云于一体，景色随季节而变化，形成超凡脱俗的白云岩景观。

云台山景区 1988 年被国务院批准为㵲阳河国家级风景名胜区；2009 年被评选为中国的百座避暑名山之一，同年被国土资源部批准设立贵州省黔东南苗岭国家地质公园；2014 年 6 月，施秉白云岩喀斯特以其独特性、完整性、唯一性，被列入世界遗产名录，成为贵州省第三个世界自然遗产地（另两个为荔波喀斯特、赤水丹霞）。

轻纱曼舞云台山（奉力　摄）

云台山有三大看点。

一是独特的白云岩喀斯特地貌。这里整体海拔并不高，但相对高差不小，塔状峰林比比皆是，一座山就是一块独立的巨石，直上直下，突兀高耸，直插云霄，绝壁千仞，岩落万丈。谷底溪流纵横，碧水潺潺。

二是丰富的动植物种类。据科考统计，仅珍稀植物就有近400种。不仅生态系统类型丰富，生物群落结构完整，还保存了大量的珍稀濒危和古老孑遗植物，是全球同类型生态系统与生物演化保留下来的生态“孤岛”。正因为植被茂密，所以这里的空气十分清新。据环保专家测定，云台山的负氧离子含量为每立方厘米7000个以上，是世界卫生组织划定的清新空气标准的5~7倍。云台山良好的生态环境和特殊的地理位置，孕育了较丰富的动物物种。这些珍稀动物包括云豹、黑颈长尾雉、白颈长尾雉、中华秋沙鸭、猕猴、林麝、斑羚等濒危动物。

三是奇特的地质结构。它反映了5亿多年以来地球演变的历史，在这里，我们可以感受时间的永恒，体察光阴的凝固。

黑冲景区以塔状群峰、裂谷、窄巷和变幻莫测的云海为特色，是观云海、望日出、赏山花、俯瞰万壑千山的绝佳场所，是施秉喀斯特最为典型的区域，游客只能站在观景台上远观，感叹大自然的神秘与绝美。

黑冲风光（姚宁　摄）

夕照香炉美如画

香炉山位于凯里市西北面15千米处，海拔1233.8米，是苗岭有名的山峰，有“黔阳第一山”和“天下第一香炉”的美誉。

因其四面悬崖绝壁，叠垒三层，下小上大，顶平腰束，集神、奇、险、壮于一体，远望山形似民间烧香所用的香炉而得名。仅有一线小道盘旋而上，最后经“卡门”方到山顶，可谓“一夫当关，万夫莫开”。平台方圆15千米，杂花丛树，修篁茂密，云雾缭绕，有天赐巨大神香炉、七仙池、石海螺、仙女违犯天条受惩台和民间传说遗迹等。此外，还有肥田沃土、深井细流和碑刻摩岩、古代营盘、寺庙和南天门等遗址。

每年农历六月十九这一天，来自四面八方的人们都在半坡和山顶上聚集，形成以男女青年“游方”为主要内容的“爬山节”。老年人则去往山顶观光及祈神。盛装打扮的青年男女们，或唱歌跳舞，或谈情说爱，或吟咏山水，使得静寂的青山顿时成为欢腾的闹市、歌舞的海洋。

香炉山还是一座见证历史的名山。明正统十一年（1446）阿榜领导的苗族起义军、景泰二年（1451）韦同烈领导的苗族起义军、正德十三年（1518）阿向领导的苗族起义军、清雍正十三年（1735）包利和红银领导的苗族起义军、咸丰五年（1855）张秀眉领导的苗族、汉族等民族起义军，都曾聚兵于香炉山，以苗王洞为指挥中心。张秀眉起义失败后，清军破坏了苗王洞。清光绪七年（1881），道人与和尚重上香炉山，在洞中塑观音像，苗王洞便改成了“凌云台”，也叫“观音洞”。

明代以来，有诸多诗文赞美此山，如“实属天造地设，集黔山之大成”，“香炉何岩岩，地险插天高。天门石径窄，峰顶云气交。中层已千仞，环岩架屋牢。毗连数十家，飘飘屠若巢。一夫守要害，千军攻莫挠”和“炉山之高高入云，嶙峋壁立无支分。雄关未许容双马，杀气曾教走万军。林翠湿衣人不觉，猿声啸壑客惊闻。攀缘直到层巅立，回道相将日已曛”等。

近年来，旅游专家评价：“香炉山旅游资源种类丰富，类型比较齐全，人文资源和自然资源较为丰富。其中人文类旅游资源居多，尤其以苗族历史文化、地方习俗、民俗节庆、宗教场所、古村、古民居、古街道、乡土建筑、名优特产等最为突出，是体验和研究苗族悠久地方文化，开展文化旅游、民俗旅游、修学旅游的重要载体，开发观光旅游、休闲度假、生态旅游、健身旅游的好地方。”

众山拱卫香炉山（陈沛亮　摄）

嵯峨月亮山

月亮山，又称“九千里”，主峰海拔1490.3米，千米之上山峰共有80余座，涵盖主峰所在地的榕江县计划乡、水尾水族乡、定威水族乡、兴华水族乡和从江县的光辉乡及荔波县的佳荣镇，为九万大山的延脉，因地理位置极为偏僻，至今仍保存300多平方千米，分布于月亮山、计划大山、太阳山和孔明山的原始森林。其所以得“月亮”之名，相传山与天高，站在顶上即可伸手揽月。

月亮山集原始生态和原始风情于一山，是贵州原始生态和原始文化的瑰宝。其山体雄伟高大，山形支离破碎，沟谷切割深长，河流纵横交错，林木异常茂密，衍生出特殊的气候和生态景象，自然风景别具一格，主峰顶上有典型的“分水岭”。众多飞瀑高悬，水畔林间，处处体现生态之美。山顶，不时可见“佛光”天象，犹如童话世界。因地处南亚热带，气候温暖湿润，加上原生植被完好，珍稀动植物种类繁多，故有“物种基因库”之称。有若干与恐龙同时代的动植物，如尾斑瘰螈、桫椤等。此外，还有极为罕见的夜光蛇、脆蛇、七尾蛇和美女蛇等。因海拔不同，植物群落的差异很大。海拔1300米以上地区，为常绿阔叶混交林，有水青冈、亮水青冈，大叶栲、岭南石栎等树种。海拔1300米以下地区，有银杉、桫椤、秃杉、半枫荷、小黄花茶、竹柏、三尖杉、红豆树、南方红豆杉、观光木等树种。早在1920年，澳大利亚植物学家韩德马斯就进入月亮山考察，采集植物标本。后来，包括中国植物学家李永康在内的许多学者也都到此考察。

月亮山区的居民与外界接触甚少，民族传统文化保存完好，隐藏着许多鲜为人知的世外桃源村落，这里居住着自耕自织的苗族、水族、侗族、瑶族、壮族等少数民族。其中，月亮山区苗族至今仍保存着众多原始文化习俗，被专家学者称为“苗族文化的历史博物馆”，这里也被学者誉为“未知地带”。特别是神秘的苗族鼓藏节，多彩的苗族服饰令人叹为观止。

梯田为月亮山腹地的一大景观，主要分布于从江县的加榜乡、加鸠镇和东朗乡境内。一代代人在高山与溪谷之间开垦出面积广大的梯田，一片连着一片，依山就势，层层叠叠，排山倒海，形成磅礴壮美的百里梯田画廊景观，既如万千长蟒布阵，又似无数天龙出巡，一层层“腰带”环山接水，一片片田块回峰绕崖，自然和谐，姿态各异。

巍巍月亮山，集旅游、科研、考古、探险、探奇于一山，是休闲养生的胜地，更是自驾游、探险游的理想场所，拥有不可估量的开发前景。

月亮山清流（莫章海　摄）

月亮山的早晨（莫章海　摄）

杜鹃红遍龙泉山

龙泉山位于丹寨县城西面，距县城0.5千米，方圆数十千米，主峰海拔1474.8米。群山苍莽，挺拔突出，形如蟠龙，南北横卧，自古以来就是旅游休闲胜地。

这里有盘旋而上的999级老步道，相传古人在修筑这条步道时，将其定名为“步步登高”。路两旁野草葱茏，树木茂盛，山花芬芳，百鸟争鸣；还有清亮的山泉蜿蜒而下，穿越步道后径直流入古碾坊。走完步道，眼前便出现龙泉山寺庙。寺庙复建于1884年，木质结构，5间大殿，房内有僧人，山脚有庙田20余亩。寺庙左侧，有一股清泉涌出，味甘而凉，名为“龙泉”。

每年四五月花期一到，被赋予了天地精华的万亩杜鹃就在云雾中盛开得热烈烂漫，龙泉山全部被红、白、紫三色杜鹃花覆盖。漫山遍野，璀璨如霞，优美壮观，映红了半边天，构成一幅极为壮丽的山景画卷。远看似一团烈火，近看则争奇斗艳、娇艳欲滴，人在花中行，花映人更美，令人神往心醉。据说，这里稀有的粉白杜鹃与紫杜鹃衬映得整个山体颜色渐次层叠，故又有“云上杜鹃海”之说法。而到了冬天，整座山被白雪覆盖，玉树琼枝，晶莹剔透，朵朵雪白的云彩轻盈地环绕在雄山上，尤其在山腰下浓绿松柏的衬托下，亦幻亦梦。

早在20世纪末，龙泉山就被列为省级风景名胜区。花开时节，全国各地的游客就从四面八方蜂拥而来，沿着步道向上移动。络绎不绝的游人点缀着万亩杜鹃，增添了一道亮丽的风景线。

龙泉山与大登高山紧紧相连。清代，大登高山一度为天然的军事要隘，被视为“都匀之要隘，丹江、清江、古州之咽喉”。清初，在山之东北及附近分布着八寨厅、八寨汛、八寨卫、得禄汛等，驻守重兵，管理苗疆，并修筑出越山的石径花阶通道，连通都匀、古州（榕江）。清末发生过多次激战，民国时期又进行过多次军事布防。

当地苗族群众认为，此山还是祖先蚩尤的化身，是他们心中的圣山。五颜六色的杜鹃乃是先民撒在蚩尤身上的纸花。2012 年，丹寨县在山上

龙泉山上赏杜鹃（龙永军　摄）

龙泉山上山花烂漫（莫章海　摄）

建设“蚩尤文化园”，2013 年被省政府列为“100 个重点建设景区”之一。其总规划面积 1400 公顷，建设有龙泉山索道、安置区、森林康养迷宫、蚩尤宫、蚩尤广场、博物馆、非遗馆、非遗展示中心、民族文化活动中心、旅游服务中心、龙泉山温泉大酒店等，建筑面积达 30 余公顷。

生态清水江

清水江如绿绸玉带，在黔东南崇山峻岭间蜿蜒，是苗族、侗族人民的母亲河。一江碧水，两岸青山，三湾竹树，四季瓜果，宛如世外桃源。

它发源于贵州斗篷山，流经都匀、麻江、凯里、台江、剑河、锦屏、天柱 7 个县（市），全长 485 千米，落差 812 米。有重安江、巴拉河、南哨河、乌下江、小江、亮江等主要支流注入，流域面积 1.76 万平方千米。

清水江自源头流来，缠绕着苗乡侗寨，滋养着万顷田畴；至湖南托口与渠水汇合后，称为沅江，最后注入洞庭湖直泻长江。自古为湘黔交流纽带，是贵州境内干流全程通航的唯一河道。

清水江一如其名，澄澈见底，清波荡漾，舟游波面，鱼翔水底。这种绮丽的风光，离不开黔东南人世世代代的努力。

当地政府坚持采取有效措施，实施清水江流域生态工程。全面推进河长制，按“属地管理、分级分段、一河一策”原则，河流、水库实行县（市）、乡（镇、街道）、村三级河长管理，全面落实护河责任；采取联动执法，由属地政府与政法、水务等部门联动，不定期对非法侵占水域、滩涂、岸线等行为进行检查和整改；彻底治理污水，关闭和改造了一些污染性企业，在城镇和农村都建立污水处理厂，配套建设污水收集管网，实现清水江沿线镇区污水处理全覆盖；聘请专门人员对环境进行常态化保洁，保证河流河道干净；加大宣传力度，动员全民护河，把河

清水江上赛龙舟（莫章海　摄）

道的保洁整治纳入各村寨村规民约中，着力规范民风民俗，纠正生活陋习，让村民养成良好的行为习惯，形成全社会爱河护河的良好风尚。

清水江流域雨量充沛，气候温和，土地肥沃，从清初到现在一直是人工杉林的重要基地，素有中国“杉木之乡”的美誉。历史上，木商们溯江而上，深入苗乡侗寨采购，留下了大量的林业契约文书，形成了独特的契约文化。他们把采购到的木材扎成木排运至洞庭湖，远销长江中下游，有的甚至作为贡品直接运抵京都，称为“皇木”。

山水相依，水绕着山，山养着水。

随着国家林业战略的调整，黔东南苗族侗族自治州各级政府大力发动群众植树造林、封山育林，打击乱砍滥伐行为。而今，清水江流域山更绿，水更清，天更蓝，空气也愈加清新。

当西部大开发的号角吹响，一系列电站在清水江干流和支流相继建成，开发绿色清洁能源的步伐越来越快。尤其是三板溪水电站、卦治水电站和白市水电站的建成发电，沅水流域梯级水电站的修建，使原本落差大、险滩多的沅水出现了高峡平湖。千古清水江不再自流，它将转化成电能，源源不断地为国家电网输电。

清水江流域水能资源的开发，不仅减少了洪涝灾害，还使沿江峡谷形成了碧绿的平湖，为旅游业的进一步发展创造了条件。

生态清水江，以另一种方式养育着守护她的子民。

高峡出平湖

三板溪是电站，也是地球上年轻的湖泊。一江清流化作一泓玉液琼浆，把天光云影收揽。船行其间，可谓“山在水上走，人在画中游”。

三板溪水电站在黔东南锦屏县境内。库区涉及锦屏、剑河、黎平三县，这里是全国最大的以侗族为主体的民族聚集区，世居民族为侗族、苗族，还杂居着汉、壮、瑶、水等兄弟民族。

2001 年 3 月 15 日，第九届全国人民代表大会第四次会议决定，把三板溪水电站建设列入开发计划。这项工程由五凌公司承建，它是国家“十五”重点能源建设项目，是国家“十五”期间实现西电东送的理想中继站。同时，又是黔东南苗族侗族自治州自中华人民共和国成立以来，最大的经济建设项目。

三板溪水电站，从初期酝酿、勘查设计、反复论证、申报立项，到国家最后批准建设，其时间跨度长达半个世纪，建设用了 5 年时间。

2001 年 11 月 15 日，三板溪水电站进场公路开工。

2002 年 4 月 1 日，三板溪水电站施工区移民搬迁工作启动;7 月 1 日，大坝土建工程开工。

2003 年 9 月 17 日，三板溪水电站大江截流仪式举行。

2006 年 1 月 7 日，三板溪水电站下闸蓄水；7 月，首台机组发电；12 月，4 台机组全部建成投入使用。

锦屏县三板溪电站（陈沛亮　摄）

2009年4月，三板溪水电站工程通过竣工安全鉴定。

电站建成以后，坝高185.5米，水库正常蓄水位475米，正常蓄水库容37.48亿立方米，蓄水面积79.56平方千米，装机容量100万千瓦，年发电量24.28亿千瓦时。水库回水从坝址沿清水江干流至剑河县革东镇五岔村附近，长约120.88千米，淹没涉及锦屏、剑河、黎平3个县19个乡镇的125个村491个村民小组。搬迁人口8401户47234人，工程动态总投资61.15亿元。

三板溪水电站将发挥供电、防洪、航运、养殖、旅游等重大的综合效益。

黔东南苗族侗族自治州境内共有大小河流2900多条，其中流域面积在50平方千米以上的河流有225条，以清水江、㵲阳河、都柳江为主干，呈树枝状分布。这些河流普遍落差较大，水流湍急，水力资源十分丰富，各级政府除了修建大批供人饮用和灌溉的中小型水库外，还投资修建大批的大中型水电站。相继建成了㵲阳河梯级电站、挂治电站、白市电站、永福电站、红岩电站等大中型水电站。黔东南成了“黔电入湘”“黔电入粤”“西电东送”的重要通道。

迷人的舞阳河

㵲阳河，为长江支流沅江的支流，发源于黔南布依族苗族自治州，流经黔东南苗族侗族自治州的黄平、施秉、镇远和岑巩四县。干流全长258千米，流域面积6480平方千米。其水能资源丰富，已基本上实现梯级开发，建有㵲阳湖、观音岩、贺家滩等中小型水电站。

㵲阳河以风景迷人而著称，分为上㵲阳和下㵲阳两段。景区共有历史名城镇远、铁溪、上下㵲阳、云台山、杉木河、黑冲、飞云崖、旧州古镇和重安江十大景区等394个景点，是黔东南集自然风光、人文景观、民族风情于一体的全方位、多层次、高品位的风景名胜区，也是贵州东线生态旅游和风情旅游的重要景区景点。

上㵲阳河景区位于施秉县西北部，距县城8千米，规划面积81平方千米，有游览景点27处。原始植被郁郁葱葱，两岸奇峰形态万千。其中，“姜太公钓鱼”老态龙钟，“仙人晒鞋”和“一足撑天”个性独特，“宫门双阙”龙王神针乃一绝，“人面狮身”“八仙过海”和“金猴望月”惟肖惟妙。整个景区层次分明、对比强烈、疏密有序，构成一条天然的绿色艺术长廊。其上段雄奇险峻，中段舒缓平展，下段清幽而令人神往，形成天构地设、山情水韵的水上极乐公园。其中，位于施秉境内的云台山，地形起伏突出，峰峦重叠，组成千山万壑的岩溶奇观。位于旧州古镇的㵲阳湖，水域广阔，集防洪、发电、养殖、灌溉、旅游于一体；位于源头的朱家山保护区，为黔中亚热带森林生态系统唯一的常绿阔叶林区。

下潕阳景区景点孔雀开屏（姚宁　摄）

下潕阳景区位于镇远县，面积121平方千米，有景点33处。其中，由龙王峡、诸葛峡、西峡组成的小三峡，为景区的精华，主水道长35千米，具有峡奇、峰险、水绿的特点。整个景区以高峡平湖、瀑泉飞流、喀斯特地貌为主体，山色水韵风光迷人：有“破镜重圆”半含水中，半露峥嵘；有“鸳鸯夫妻”结队戏水，情深意浓；有“三叠水”珠落玉盘，直泻深潭，“喊泉”有喊必应、呼之水出、止呼水隐；有石峰神形如孔雀开屏，形态逼真；有“大圣师徒”前往探幽、忙里偷闲等。总之，一湾一画，一步一景，具长江三峡之雄、蜀地峨眉之秀、桂林漓江之美、阳朔胜景之幽。

除干流的峡谷外，还有诸多支流幽深的峡谷，如梯级跌泉瀑布的高枯溪、九寨沟式钙华景观的小塘河、云台山风景区的杉木河等。而距镇远名城不远的铁溪，山水特别清幽，早在500年前的明代中叶就成了旅游区。

历代文人墨客曾在河上留下诗文和摩崖石刻。其中，清代爱国名臣林则徐留下诗章：“两山夹溪溪水恶，一径秋烟凿山脚。行人在山影在溪，此身未坠胆已落。”

1988年，潕阳河风景区就已被列入国家级风景名胜区。

美丽的都柳江

如果说“江从白鹭飞边转，云在青山缺处生”是都柳江白天的景色的话，那么“山头望樵火，水底见渔灯”，则一定是其夜晚的景致。

当然，都柳江的多姿多彩远不是这几句诗所能描绘的，它是一根线，把流域内的自然风光和民族人文景观缀连成了一串迷人的项链。

都柳江是珠江水系的上源河段，发源于贵州省独山县，在黔东南内的流域范围含榕江、从江、黎平、雷山、丹寨5个县。这里曾是古特提斯海的一部分，经历了漫长的海浸历史。在武陵旋回运动和喜马拉雅造山运动之后，古特提斯海神秘消失，喜马拉雅渐渐隆起，都柳江流域则成为其边缘的地带。

都柳江安静地夹峙在雷公山和月亮山之间，吸山地之精华，广纳无数条溪流，悄然汇集成江。然后转身向南，经从江入广西，进入珠江水系，一路奔向大海。

江流两岸重峦叠嶂，堆青拥翠，苗村、侗寨、水舍隐现其间，江水清澈纯净，古榕绿竹倒映，渔舟往来穿梭，景色美不胜收。有多姿多彩的民族风情；有原始森林、高山、峡谷、小溪、瀑布、跌水和奇花异草；有清代石拱桥和天然的横江赤壁；河水清澈，水里鱼虾种类繁多。以榕江为例，清代《古州厅志》中曾把都柳江风光概括为“古州八景”，即“五榕翠色”“三江渔火”“古洞石书”“赤壁横江”“星月孤舟”“石笔书云”“明

都柳江畔（莫章海　摄）

都柳江风光（邹学军　摄）

星夜观”和“独石回澜”。此段河流平缓，常年可通舟筏，历来都是本流域最富庶的地区。而今榕江有贵广高铁、厦蓉高速贯穿全境，北上南下，东进西出，四通八达，成为珠江三角洲不折不扣的后花园。

月亮山和雷公山地区有成片的梯田，尤以月亮山地区规模最大。一层层覆山盖岭，从溪谷至山巅，与云天相接，像一架架天梯。

都柳江是一条纽带，缀连着几个民族文化圈：东南部是黎平、榕江和从江为中心的侗族文化区圈，北面是以雷公山为标志的苗族文化圈，南面是水族文化圈，水族文化圈的外缘又连接着布依族文化圈，而瑶族曾作为以“赶山吃饭”采集狩猎为主的民族，则在山脊上不断迁徙，错落地点缀在以上几个文化圈中。于是，都柳江流域便构成了一个多民族多样化的文化生态空间，一个自然与人和谐相处的区域。

美妙的苗疆圣泉

“饱浴之忽饥，醉浴之忽醒，郁浴之忽舒，昏浴之日月开朗，劳浴之营卫安和……”这是剑河县老县志对剑河氡硫温泉的记载。经过不断开发，剑河温泉城已成为黔东南苗族侗族自治州闻名遐迩的“世界知名、中国一流、贵州一绝”的首家苗族文化主题风情温泉城。

温泉城位于黔东南苗族侗族自治州剑河县城东北部岑松镇温泉村内，距县城 6 千米，距剑河高速公路出口 4 千米，从剑河县城出发约有 10 分钟车程。

温泉村四面群山环抱，植被良好，气候宜人，四季分明，享有“绿色王国”的美誉。一眼露天温泉自古就存在于温泉村边的沟谷田坝中间。剑河温泉水质清澈，水温常年保持在 36~48℃，泉水中富含人体所需的氡、硫、铁、钾、钙等 40 多种矿物质和微量元素。水量不小，日涌量 2500 吨。为稀有的氡硫温泉，是国内三大名温泉之一，与世界名泉法国维希温泉相似，享有“苗乡圣

温泉村的室内浴池（莫子北　摄）

剑河国际山地温泉康养谷（廖朝元　摄）

水”的美誉。当地苗族每年的摇马郎节，方圆几十里内的苗族青年男女，纷纷赶到温泉洗浴更衣，把自己打扮得漂漂亮亮，白天参加亲戚的节日宴会，晚上结伴到村子里寻找自己的意中人。

1997 年，剑河县投资开发温泉景区，温泉城初步形成。近年来，剑河县加大开发力度，按国家 AAAAA 级景区标准对剑河温泉进行规划建设，拟将其打造成为国际知名、中国一流、贵州一绝的度假康养旅游目的地。景区内建成贵州第一家五星级温泉，中国唯一的苗族文化主题的“苗乡圣水”温泉。自 2017 年 7 月正式营业以来，引起品牌效应，深受国内外游客的青睐，游客呈井喷式增长，剑河温泉成为黔东南旅游项目中一张亮丽的名片。

漂城施秉

国家级重点风景名胜区——㵲阳河风景名胜区，以施秉县城为中心向东、北、西三个方向呈扇面展开，共 625 平方千米，漂流是这个景区重要的游玩项目。

杉木河距施秉县城 14 千米，景区以漂流、避暑度假、探险、科考为

杉木河夏漂地（奉力　摄）

杉木河漂流（姚宁　摄）

主。旅游面积 49 平方千米，漂流全程 9 千米，时长 3 个小时左右。其间分布着双石并立、刀背石、鲀鱼洞、高滩、无路塘、黄洲河、聂家堰、坛子口等 19 处景点，各具特色，美不胜收。

沿河两岸山峦重叠、奇峰错列，夹岸高山皆生寒树，横柯上蔽，倒挂老藤。深沟险壑，朝雾暮云；峪口崖壁，春华秋实。怪石嶙峋，河中星罗棋布；流泉飞瀑，崖前玉坠珠帘。河水深可没膝，清冽澄澈似矿泉，河床多为细沙卵石铺陈，光洁如磨；流水纡徐蜿蜒，不急不滞，从容不迫，曲直自若，时而波光粼粼，时而水平如镜。抬头可见云飘高崖，俯首能观鱼翔浅底。鹭宿沙洲，兰生崖畔，鸟鸣谷涧，蝉吟林间，怎一个幽字了得！因此又被游客称为“天然氧吧”。

顺河漂流，如观赏一幅山水长卷，如聆听一首美妙乐章，刺激有趣，有惊无险，老少皆宜。杉木河漂流素有“中国第一漂”之美称。杉木河景区通过了国家质量评定，荣获第三届博鳌国际旅游论坛授予的“国家精品旅游景区”称号。

仁者乐山，智者乐水，置身杉木河，可以仁智双收。

第六章 名城·名镇·名村

全国文明城市凯里

凯里市是黔东南苗族侗族自治州的首府，是全州政治、经济、文化、科技、教育、交通中心和集散地，有“苗岭明珠”之美誉。凯里市位于贵州省东南部，在明清时期曾有“小京州”的美称。“凯里”系苗语音译，意为“等待开垦的田地”，即等待开发的希望之地。经过几十年的探索发展，凯里成为一座包容本土民族文化和现代文化的新兴工业城市，先后获得“中国优秀旅游城市”“国家卫生城市”“全国文明城市”等荣誉称号。凯里是贵州省经济强县之一，连续五年被列入中国西部百强县，被评为全国新型城镇化质量百强县市。

凯里历史悠久，原为炉山县。汉为故且兰属地，元朝时属麻峡（今麻江县）县地。明洪武初年置清平堡，洪武二十年（1387）置清平长官司，洪武三十年（1397）改为清平卫。明弘治七年（1494）置清平县。清康熙七年（1668）并入麻哈州（今麻江县），康熙十一年（1672）复置清平县。民国二年（1913）清平县改为炉山县。1949 年 11 月炉山县获得解放，中共炉山县委、县人民政府同时宣告成立。1956 年 7 月 23 日，黔东南苗族侗族自治州成立，凯里为州首府所在地。1983 年 8 月 19 日，国务院批准撤销凯里县，设为凯里市。1984 年 1 月，凯里市正式成立。

凯里市地处云贵高原向中部丘陵过渡地带的苗岭山麓，最高海拔 1447 米，最低海拔 529 米，山地和丘陵占总面积的 97.2%，著名的苗岭山脉横贯境内，香炉山为凯里山城的文化名山，人称“黔阳第一山”。凯里境内共有河流 56 条，汇集成长江支流——清水江，水质清澈，流量较大，穿境而过。凯里矿产资源丰富，主要矿藏有煤、铁、铅、锌、铝土矿、硅石岩等，其中硅石中二氧化硅含量高达 98%，名列中国西南之冠。

凯里处于中亚热带温和湿润气候区，气候宜人，四季分明，冬无严寒，夏无酷暑，年平均气温 15.7℃，日照 1289 小时，无霜期近 300 天，年均降水量 1200 毫米。森林覆盖率达到 56.6%，是全国绿化模范城市。城市空气质量达标天数比例保持在 95% 以上。城市饮用水源地水质达标率为 100%，建成国家节水型城市、省级园林城市。

现凯里市城镇人口 70 余万，居住着苗、汉、侗、仫佬、畲、布依、水、彝、壮、瑶、满等 20 多个民族。凯里市民族节日文化丰富。据相

凯里市下司古镇（杨春岚　摄）

中国优秀旅游城市凯里（曾健生　摄）

关统计，凯里及周边城镇每年的大大小小民族节日共有 100 多个，故有“中国百节之乡”之称。凯里及周边县呈辐射状分布着下司古镇、黔阳第一山香炉山、平良古峡、西江千户苗寨、郎德苗寨、杉木河、云台山、剑河温泉等著名景点，是中国西部影响较大的民族风情旅游城市，曾被世界旅游组织评为最具吸引力的旅游目的地之一。

凯里是我国中东部地区进入贵州的重要通道，交通十分便利，距离市区 54 千米的凯里黄平民用机场，开通飞往北京、上海、广州、深圳等国内重要城市的航线。湘黔铁路株六复线穿境而过。有多条高速铁路和高速公路交会于境内。这里已构建集高速、高铁、铁路、水运、航空于一体的综合交通枢纽格局，为凯里和黔东南的快速发展提供了非常便捷的交通条件。

凯里市地方名特产品较多，较有影响的产品主要有香米、水晶葡萄、红酸汤、酸汤鱼、银饰、蜡染、芦笙、马尾斗笠、刺绣、织锦等。近年来，凯里积极打造环境优美的滨江城市，拟将凯里建设成文脉延续、多元融合的宜居、宜业、宜游的美丽文明城市，不断彰显城市魅力，推动旅游业持续井喷式发展，吸引来八方中外游客。

中国历史文化名城——镇远

中国历史文化名城——镇远是黔东南著名的文化古城，系镇远县政府所在地，古城四面环山，长江支流㵲阳河呈“S”形穿城而过。状如太极，形成独特景观。河北岸为旧府城，南岸为旧卫城。两城池皆为明代所建，现尚存部分城墙和城门。

镇远被纳入行政管理的历史甚久。宋宝祐六年（1258）十一月筑黄平城，赐名镇远州，镇远由此得名。德祐元年（1275）置镇远沿边溪洞招讨使司。元至元二十年（1283）改沿边溪洞招讨司为总管府，至正二年（1342）为府。明洪武四年（1371）改为州，永乐十一年（1413）为镇远府，正统三年（1438）五月改镇远州，弘治十一年（1498）置镇远县，隶镇远府，万历二十九年（1601）改镇远卫。清康熙二十二年（1683）将卫并入县。1949 年 11 月 8 日镇远解放，为镇远专员公署驻地。1956 年建立黔东南苗族侗族自治州，镇远为自治州首府。1958 年州府迁往凯里，改镇远为县。1986 年被国务院列为国家历史文化名城。

镇远古镇交通便利，县境东界邻湖南新晃，南临三穗、剑河，西毗施秉，北接岑巩和铜仁地区的石阡，史称“滇楚锁钥、黔东门户”。镇远历史始于秦昭襄王三十年（前 277）设县，至今已有近 2300 年的历史。

镇远为黔东南苗族侗族自治州北线旅游重镇，经过几十年发展，影响日益强大。2009 年 3 月 6 日荣获“中国最美的十大古城”称号；2020

镇远古城赛龙舟（莫章海　摄）

年 1 月，被文化和旅游部确定为国家 AAAAA 级旅游景区，为中国西部重要旅游目的地之一。

镇远自古为由湘楚入黔之要冲，也是京城与西南边陲以及安南、缅甸、暹罗、印度等国献赠礼物和信使往返的必经之地，有“南方丝绸之路”要津之美誉。明太祖朱元璋兴师入黔，贵州宣慰使奢香夫人，派人献牛羊、粮米、毡等物，迎王师于镇远。正德三年（1508），理学家王阳明由贵州书院奉诏调任江西庐陵，赴任时取道镇远，买舟由㵲阳河下沅水出洞庭。清代缅甸大使直也托纪卸任回国时也途经镇远。

镇远自古是兵家必争的军事重镇，明弘治初年，镇远太守周瑛有“欲通云贵，先守镇远”之说。《苗疆闻见录》上也有“欲据滇楚，必占镇远”的论述。在中国古典名著《儒林外史》中，吴敬梓用 3 个章节的篇幅，翔实生动地描写了镇远的战争和当地的风土民情。晚清名臣林则徐曾 3 次路经镇远，中途创作《镇远道中》诗曰：“两山夹溪溪水恶，一径秋烟凿山脚。行人在山影在溪，此身未坠胆已落。”道中险峻可见一斑。

镇远古镇占地面积 3.1 平方千米，文化古迹繁多，被称为“中国山地贴崖建筑文化博物馆”，大小古街古巷相互连通，曲径通幽，石桥城垣错落有致，古城遗存有楼、阁、殿、宇、寺、庙、祠、馆等古建筑 50 余座，有明清古民居、古巷道、古码头、古城垣等遗迹 160 余处。主要历史名胜包括青龙洞、中元禅院、万寿宫、祝圣桥、香炉岩、天后宫、府卫古城垣、吴王洞、四宫殿（东方战神庙）、和平村、周达文故居等。俗称“传统文化迷宫”。其中青龙洞古建筑群为国家级重点文物保护单位，另有省级重点文物保护单位 7 处。

环绕着镇远古城，有高过河自然风景区、㵲阳河景区、铁溪景区、报京侗寨等自然景区和传统民族村寨。令人流连忘返，赏玩不尽。

镇远县民俗活动和节日非常丰富，其中端午节的赛龙舟活动，成为黔东南影响较大的民间民俗体育比赛之一。

中国历史文化名镇——西江

千苗寨位于黔东南苗族侗族自治州雷山县西江镇，共有1350多栋吊脚木楼，层层叠叠、规模宏大、结构精巧、功能齐全，构建出世界上最为完整的苗族民居建筑体系，具有深厚的文化底蕴，并酣畅淋漓地展示多彩风情，被称为“世界第一苗寨”。

2007年，西江镇被列为“中国历史文化名镇”。2008年，经国家投资开发，西江旅游一炮打响，来自五湖四海的游客暴增到78万人次，综合收入达1.36亿元。西江镇成为全省山地旅游扶贫中的一个典型，“西江千户苗寨”一下变成全省民族文化旅游景区的一根标杆。到2011年，千苗寨获评国家AAAA级景区，游客数量攀升到240万人次。

因为旅游，全镇的民俗、歌舞、乐器和民间工艺等原生态文化大放异彩，让游客领略到了唐代发型、宋时服饰、明清建筑的特色和魏晋遗风，感受到苗族浓缩的五千年农耕文明史。尤其是一到盛大的“苗年节”时，景区流光溢彩，令人眼花缭乱。

2016年，在守住发展和生态两条底线的前提下，全县进一步致力于建设锦绣西江，将民族文化和自然生态这“两大宝贝”转化为经济、产业和发展的优势。

当年，随着西江被列入全国“景区带村”旅游扶贫示范项目名单，全县上下积极行动，打响了全域旅游化的精准扶贫攻坚战，将“大西江

西江古镇（莫章海　摄）

景区”作为打造全域旅游综合体的三大手笔之一。县里共投入近 15 亿元，全面实施景区的完善提升工程，先后完成了营上游客服务中心、北大门及游客集散广场、生态停车场、表演场扩建、人饮消防、人居环境整治等系统工程建设，完善相关配套设施。建成营上大剧院、“营上—大北门”索道、“营上—田园观光区”索道、西江田园观光区、西江干荣农文旅一体化观光度假区、营上茶园休闲度假区等一批高端的设施和景点。由此，“大西江”概念突破了“千户苗寨”小范围，由 1 平方千米扩展到了 4 平方千米。

扩容后的西江景区，外在颜值更高，内在动力更强，不但大大提升服务能力，而且兼顾到高、中、低端游客的需求，并辐射带动周边 20 多个村寨，甚至联动几十千米外的郎德景区和“巴拉河沿线民族文化旅游观光带”。当年，全县就实现 600 万人次的接待量，促进县域经济的作用立竿见影。

接着，县里又打造“西江—麻料”银饰文化体验游、“西江—郎德”等精品观光路线，使其变成一个游客能住上几天、十几天、几十天，乃至一年半载的旅游目的地。

通过一套行云流水的旅游“组合拳”，西江实现产业旺、生态美、百姓富、社会和谐和民族文化保护发展建设目标，成为民族文化和乡村旅游完美结合的重要典范。2021 年 1—10 月，雷山县接待游客 975 万余人次，实现旅游总收入达 96 亿元。

隆里古城

杨花落尽子规啼，闻道龙标过五溪。

我寄愁心与明月，随君直到夜郎西。

这是唐代诗人王昌龄被贬谪时，好友李白遥寄给他的诗句。这里所说的“夜郎西”就是王昌龄的贬所隆里。

山水如画，绿树成荫，在连绵的群山中有一个美丽的村落，这就是锦屏县的隆里村，而古城则是该村的核心村寨。古朴的楼阁、长长的街道、高大的牌坊、独特的门楣以及厚实的城墙，这一切无不昭示着它历史的久远和文化底蕴的深厚。

隆里，原称“龙里”，清代名为“隆里”，谓“隆盛之理所”，位于锦屏县西南边沿，距县城 64 千米。隆里古城是座具有 600 多年历史的明代军事城堡，历史悠久，布局独特，保存完好，与青岩、镇远和丙安并称为贵州省的“四大古镇”。

古城近似长方形，南北宽 217 米，东西长 222 米。城垣始建为泥土夯筑，明天顺元年（1457）改以卵石框边。周长 1500 米，城墙高 1 丈 2 尺，壕深 1 丈。城周东、南、西、北各设炮台 1 座，全城设东、南、西、北 4 道城门，城墙上设有跑马道，城壁设有天灯座，古城墙外有护城河。

古城内部从设计到施工都严格遵循满足当时作战需要的原则，是一

𬀩龙闹古城（莫章海　摄）

座亦兵亦农、能战能防的军事城堡。城中的3条主街又分出6条巷道，把整个城区划分为相对独立的9个居住区域，正所谓“三街、六巷、九院子”格局。民居建筑大多保留着汉文化特色，建筑形式、艺术手法均具明显的徽派建筑特点。

古城中的宗祠都是明清时期风格，均始建于清代，保留至今的有江氏宗祠、龙王氏宗祠、所王氏宗祠、西王氏宗祠、陈氏宗祠等5座。

城内遗存的古迹不少，著名的有蜈蚣街、来龙街、书香第、三槐第、开科第、科甲第、陶家院、古碑表等。历史上古城中有72个姓氏，所以打了72口井，随着时间的推移，绝大多数水井已被填埋。

古城是1999年中国与挪威合作的“贵州生态博物馆群”之一，也是贵州省重点建设的文化古村镇，属省级风景名胜区和省级历史文化名镇；2002年，被列入省级非物质文化遗产保护名录；2007年，被列为第三批中国历史文化名村；2012年，入选中国第一批传统村落名录；2013年，景区内的古建筑群被评为第七批全国重点文物保护单位。目前，隆里古城已被贵州省列入全省优先发展的重点旅游景区。

隆里人依然保留和传承着古朴的传统文化，玩花脸龙、唱汉戏、迎故事最具代表性，被誉为隆里古城的“三大瑰宝”。2011年，隆里花脸龙脸谱被列入锦屏县非物质文化遗产保护名录；2012年，被列入省级非物质文化遗产保护名录。

古色古香的楼阁，别具特色的建筑，布局巧妙的街道，以及舒缓的生活节奏，正期待着你走近，细细体味古梦边城的温馨与宁静，认真感受它那份独特的文化魅力。

郎德苗寨

郎德苗寨位于雷山县西北部，是一个依山傍水的苗族村寨，是贵州省东线民族风情游的重点村寨之一。其分上、下两寨，其中对外开放的是上寨，共有 147 户，计 500 多人。这里，人们的服饰多为长裙。

郎德上寨背山面水、依山而筑，四面群山环抱、古木参天，古色古

郎德苗寨踩鼓舞（姚宁　摄）

2008 年 6 月 13 日郎德苗族同胞迎接奥运火炬传递（姚宁　摄）

香的吊脚楼隐藏于青山绿水中。由于层层叠叠、错落有致，宛如一幅优美的山水画。其黑色的屋瓦，发黄的木墙，再加上蜿蜒曲折的山路，悦耳动听的飞歌，一切都在向游人讲述古老民族的历史。其东、西、北三面都置有木柱瓦顶护寨门楼，简称“寨门”。寨内，每一栋吊脚楼上都装有“美人靠”，这里是女孩子平时刺绣的地方。寨中道路、院坝及各户门庭，都用鹅卵石或青石镶砌铺就，整整齐齐，干干净净。全寨共有 5 条花街路通向寨中。寨子中央，有一个大芦笙场，地面均用鹅卵石和料石模仿古代铜鼓面的十二道太阳光芒铺就。芦笙场南上方，建有杨大六文物博物馆，陈列着当年苗族群众反清抗暴起义用的刀、叉、头盔、铁炮等兵器。

寨前，一条清澈见底的溪流宛如长蛇悠然长卧，一座风雨桥横跨其上，南面是一座松杉繁茂的护寨山。沿溪，有石磨碾坊和水车等。水中群鸭嬉戏。过桥后，可攀登养牛坡，可观赏杨大六当年反清抗暴时筑起的碉堡和战壕遗迹。坡腰，有一块约 5000 平方米的平地和一条长 150 米的赛马道。每年农历的三月马日，雷山、凯里、麻江、丹寨四县（市）交界的苗族男女青年，在此庆祝“爬坡节”，开展对歌、赛马等活动，最多时可达上万人。

作为全国第一个民俗风情村寨，节日或旅行团来时，都会有热情的迎客仪式和盛大的歌舞表演，游客可以欣赏到寨民表演的拦路酒歌、盛装苗舞、铜鼓舞、板凳舞和八抬芦笙舞等节目。

早在 1985 年，郎德上寨就作为黔东南民族风情旅游点率先对外开放。1993 年载入《中国博物馆志》，1997 年被文化部命名为中国民间艺术之乡，2001 年被列为全国重点文物保护单位，因而闻名于中外，是集旅游观光、考察苗族文化、领略苗族风情于一体的重要村寨。魅力无穷的苗族歌舞、绚丽夺目的苗族银饰、工艺独特的吊脚楼、古色古香的鹅卵石道、抗暴英雄杨大六故里和热情好客的民族礼仪，都给海内外宾客留下极其深刻的印象。每年，这里接待中外游客达数万人次，为贵州东线旅游的热点之一。

近年来，由于积极推广“乡村旅游 +”产业扶贫模式，全村群众都直接或间接参与到乡村旅游中，充分享受到旅游发展红利，收入持续稳定增长。

侗寨晚寨

“一把琴、一支歌、一件衣、一幅画”，这是晚寨的图腾，也是晚寨的素描缩影。

“一把琴”即为琵琶，作为侗族歌者，唯有晚寨女性能自弹自唱，别的地方弹琵琶的是青一色的男性。“一支歌”即为侗族琵琶歌，能唱歌的侗家人不少，唯有晚寨的侗歌声音低沉舒缓，未成曲调先有情，婉约到骨子里去，独树一帜，风格鲜明，被称作“晚寨琵琶歌”或“散落民间的侗家宫廷音乐”。“一件衣”即这里的女子服饰艳丽典雅、雍容华贵，是四十八侗寨服饰的代表。“一幅画”即环境优美，这里山环水绕，花开花谢，云卷云舒，月圆是诗，月缺为画。

侗寨晚寨位于黔东南苗族侗族自治州榕江县寨蒿镇，旅游资源十分丰富，是民族文化与生态旅游胜地。这里距离县城 53 千米，全村 200 多户 1000 多人，皆为侗族。

晚寨坡脚有一条清亮的小溪，溪水跌入悬崖，摔成十丈高的瀑布奇观；山路从坡脚一直延伸到坡顶，路面为青石铺就，一步一块青石，一石砌一级台阶，至山顶共有石阶千级，远远望去，在林中时隐时现的石级小径宛若空中飘带，美丽无比。

坡脚的小溪上，建有一座风雨桥。桥不大，但极其雅致。村寨建于山腰，木楼吊脚立柱，层叠堆垛，板壁在太阳的照射下金光闪闪，有如

晚寨晨炊（黄万鑫　摄）

古代的城堡和宫殿。

晚寨以琵琶歌著称，被誉为“侗族琵琶歌的故乡”。琵琶系侗族的一种伴奏乐器，有 3~5 根弦。琴盘多用松树或香樟树制成，配以琴杆和琴弦，用竹片弹拨，奏出悦耳和谐的音乐，通常用于伴奏。用琵琶伴奏的侗歌，显得格外哀婉动人，听者时常忍不住泪流满面。晚寨琵琶歌大约产生于清道光年间，已有 170 多年的历史。其主要内容有古歌、爱情歌和其他民歌，以自弹自唱的形式出现。不管年节还是平常日子，每当宁静的夜晚，山寨里的歌声总会响彻山谷。唱歌的有老人，有中青年人，也有小孩子。晚寨人崇尚歌唱，人们以歌为乐，以唱为荣，歌师们备受大家的尊重。自古以来这里歌手、歌师辈出，不愧为侗族琵琶歌的故乡。

1958 年，晚寨 8 名女歌手应邀到北京参加全国少数民族文艺会演，第一次把琵琶歌带出了山外，受到毛泽东、周恩来等老一辈党和国家领导人的亲切接见。

晚寨人对唱歌几乎到了痴迷的程度，谁家琵琶一响，便自然有人应和而来，共同练习演唱。而每逢侗年、春节、吃新节等节日期间，村中则要举办规模宏大的“踩歌堂”活动，琵琶铮响，歌声悠扬，山鸣水应，掌声阵阵，场面实在感人。

近年来，晚寨有不少姑娘、小伙外出唱歌、传歌，把歌唱当作产业，传承琵琶歌的同时增加了收益。

2016 年，晚寨被列为国家第四批传统村落；2019 年，被国家民委命名为第三批“中国少数民族特色村寨”。

笙乐响彻新光村

凯里市舟溪镇的新光村，山寨依山而建，梯田层层，聚居着 130 多户潘姓族人，计 570 多人，是个远近闻名的苗族“芦笙村”。村民们制作民族乐器——芦笙的历史已有四五百年。因有芦笙文化的长期浸润，人们都能歌善舞，会吹芦笙。

芦笙是一种自古深受苗族群众喜爱的吹孔多簧气鸣乐器，也是世界上现存大多数簧片乐器的鼻祖，还是苗族人民心中的一种圣器。苗族人认为，芦笙能带来风调雨顺、五谷丰登，能与神灵沟通，能与先祖交流。芦笙文化已深深根植在苗族人的心上，蕴含着对先祖的感恩、对农业丰收的祈求、对爱情的忠贞与执着，体现着苗族人不屈不挠的性格。

新光村芦笙师傅在制作芦笙（陈沛亮　摄）

该村几乎家家户户都会制作芦笙。其制作的传统芦笙均为六管，主要由簧片、笙斗、竹管和共鸣筒构成，并沿用传统的宫、商、角、徵、羽五声音阶。响铜

吹着芦笙迎客人（陈沛亮　摄）

簧片气鸣发音的音准，全凭工匠们特有的辨音能力来确定。只要是出自相同工匠手工制作的簧片，都能够让所有主奏芦笙的音准绝对相同；每组 5~7 支芦笙合奏，也都符合和声学的原理。每支芦笙都要由 6 个簧片组成一组五声音阶。由于匠人们有超强的辨音能力，制作出来的每一对芦笙或者每一组芦笙，各个笙管音阶音准分毫不差，而不同的芦笙工匠制作出来的芦笙，也均能在一起和谐地吹奏。其技艺诀窍，父传子、子传孙，世代相传。学习者只能在实践中，靠自身的悟性和感觉，不断积累经验而逐渐体会。凭借聪慧的头脑和灵巧的双手，他们制作的芦笙不仅是乐器，还是精美绝伦的工艺品。

其产品主要有对笙，亦称“兄弟笙”，两支通高为 1.53 米。组合笙，以对笙为领奏笙，再配上 3~5 支大的芦笙。最大的高达 7.6 米，堪称芦笙之王。大芦笙可手持吹奏，在对笙的领奏下和声，声音浑厚宏大，气势磅礴，主要用于庆典、祭祀等庄重场合。母子笙，即一个较大的芦笙配两个较小的芦笙。莽筒、地筒和其他少数民族需要的特殊芦笙。旅游芦笙，即为省内外旅游景点制作的体态小巧的模型芦笙。多管芦笙，有15管、18管和21管。

制作芦笙用到的工具和器具有风箱、炉台、铁锤、铁砧、平口凿、微型老虎夹、钢锯、木工锯、圆凿、锉刀、圆锉、各式刮刀和长短大小不一的铁制通条等，林林总总200余件；原材料有响铜簧片、芦笙竹、阳山竹、楠竹和杉木等，实为宝贵的非物质文化遗产。该村有些名匠已被评为国家级非物质文化遗产苗族芦笙制作技艺代表性的传承人。

该村制作的芦笙远销日本、美国等国家。目前，全村有60户以制作芦笙为业，年产芦笙5万把左右，年产值在150万元以上，芦笙制作已成为增收致富的支柱产业之一，大家一边传承技艺，一边养家糊口。

2005年，州人民政府已将新光村列为全州100个民族民间文化村寨之一，省文化厅则将新光村命名为“芦笙制作艺术之乡”。

国家森林公园里的美丽村寨——格头村

格头村地处黔东南雷公山国家森林公园腹地，是贵州省雷山县方祥乡的一个非常独特的村落。格头村境内多秃杉，有大小不一的秃杉群。其中有一棵高 10 余丈，胸径要由五六个成年人才能围得过来的老秃杉。主干直插云天，老枝虬曲横生，一副仙风道骨模样。远远看去如鹤立鸡群，耸立在村子中间，分外引人注目，被称为“秃杉王”。为一睹老树真容，无数游客不顾舟车劳顿不远千里来到格头村。

大山清流（莫子北　摄）

格头村是一个传统苗族村寨，初建于 1605 年，至今已有 400 多年历史。全村总面积约 2121 公顷，其中林地面积约 1768 公顷，森林覆盖率高达 83.4%，是雷公山自然保护区内森林植被保存最好、动植物种类最为丰富的村寨之一。

据村民介绍，他们的先人以前居住在几十千米以外的一个村寨。有一年村子里两个猎人趁农闲时节到雷公山来打猎，猎狗追逐一只野羊来到格头村现在的地方，发现这里有一汪水塘，塘面覆盖着浮萍。猎人仔细查看四周环境，发现河谷边沿有不少开阔地带，可以开垦成良田。根据苗家人长期的耕作经验，不论高山深谷，只要有浮萍生长的地方，这里的气候环境都适合种植水稻。这里古杉成林，风景如画。小河静静流淌，水质清澈，水里游鱼成群。这里地处深山，远离喧嚣与战争，真是个美丽宜居的桃花源哪。猎人惊喜万分，回村后邀约家人邻里，举族结队搬迁到这里。刚迁来时，见古秃杉虬枝横生，茂密成荫，就把相邻的古秃杉树枝用藤条捆绑在一起，形成一个巨大的屋顶框架，再铺上一些树枝，形成屋顶，可以挡雨遮光。再在树下搭建一个简易木棚，就算安下了家。格头村由此得名。“格头”是苗语音译，意为把树枝拉过来捆绑在一起建窝棚，村名旨在纪念开寨先人辛苦建村寨的功劳。经过数百年生息繁衍，格头村由最初几户人家发展成现在有数百户的苗族村寨。

雷公山腹地格头村千年秃杉王（孙沛亮 摄）

雷公山森林公园内以格头村为代表的村民生态环保意识很强，尽管在大山里生活了数百年，但村民对村子周围的环境保护得非常好。村里人靠山吃山爱山，取伐有度，人与自然和谐共处。正是由于山民们很早就有生态保护意识，雷公山国家森林公园的物种才这样丰富，成为国内森林公园中的佼佼者之一。据相关统计，园区已鉴定的植物有1390种，分属273科679属，属中国特有的16属，其中列入国家重点保护的珍稀植物有红豆杉、秃杉、南方红豆杉、钟萼木、异形玉叶金花、水青树、马尾树等18种。分布在格头村四周的活化石植物秃杉林，面积约15公顷，最大一片面积约2公顷，是国内仅有的3个天然秃杉群落分布区域中面积最大、保存最完整、原生性很强的一处。据统计，胸径在10厘米以上的秃杉现存5000多株。因此，雷公山国家森林公园成为中亚热带唯一的天然秃杉林研究基地。森林公园里还盛产天麻、党参、雷五加、三七、杜仲、白芨、蛇莲、血藤等名贵中药材。雷公山森林公园动物种类繁多，已鉴定的动物有518种，分属132科39目，其中国家二级保护动物有大鲵、鸳鸯、黑熊、穿山甲、猕猴、藏酋猴、大灵猫、小灵猫等23种。雷公山森林公园是动植物生长的理想家园。

走进格头村，漫步村畔河谷，呼吸清新空气，观赏河里嬉戏的游鱼，看群山万壑和彩色的原始森林，清风轻拂，阳光朗照，人家安静，这正是沧桑人间最难寻觅的桃花源。

岜沙，最后的枪手部落

这是一个古老而神秘的苗寨，离尘嚣很远，离心灵很近。

岜沙苗寨距离从江县城 6 千米，由 5 个寨子组成，深藏于茫茫林海之中。岜沙村民说，苗族的祖先蚩尤有 3 个儿子，岜沙人是第三个儿子的后裔。当年蚩尤被黄帝打败，率领部落开始了漫长的迁徙。岜沙苗族的祖先就是大迁徙的先头部队——九黎部落的一支。岜沙男人崇尚武力，平时身着自织的无领右衽铜扣青布衣、直筒裤，挂青布褡裢，常年身挎腰刀，肩扛火枪，上山打猎，下河捞鱼。

在岜沙众多独特的民俗文化中，归结起来有“四奇”。

一是男人绾发髻。岜沙的男孩子在 7—15 岁必须举行一次成年礼，行成年礼那一天，由房族中的本家（鬼师）为他剃头，梳成“户棍”（系苗语，“户”即头，“棍”即发髻，汉语意译为“鬏鬏”），完成祖上传来的严格仪式，背上父亲为他打造的猎枪，标志着

岜沙汉子鸣枪迎客（姚宁　摄）

他的人生进入了独立阶段。

发髻是岜沙男性装束中最重要的性别标志——剃掉四周的头发，仅留下中部，盘发为髻，并终生保持这种发式。据说，这种装束是从蚩尤老祖时代传下来的，也是迄今为止在中国所能见到的最古老的男性发式，像活着的兵马俑。

二是用镰刀剃头。历史上，岜沙人没有剃刀，更没有电动推剪，他们用的是形如月牙的镰刀，剃头就好像割草。这种技艺承袭至今，甚至成为了为游客表演的必备节目。

三是开枪迎送贵客。为尊重民族习俗，公安部门特批了岜沙人使用火枪。寨子里每有贵客到来或离去，岜沙人都到寨口列队迎送，芦笙响起，拦路酒捧上，汉子们立于寨门两侧，举枪朝天齐鸣，这是岜沙人待客的最高礼仪。为此，岜沙苗寨被称为“最后的枪手部落”。

四是生命之树。寨子里每出生一个孩子，家里人就会为他种下一棵树，小孩儿敬树如父，逢年过节都要到树下拜祭，直到孩子长大成人。

岜沙村民为游客表演民族舞（姚宁　摄）

岜沙小枪手（姚宁　摄）

人死之后，将树砍掉做成棺材，不垒坟茔、不立墓碑，只在死者的墓穴上栽种一棵小树，以示生命以树神的形式得到了延续，万古长青，生生不息。

岜沙人说:“人来源于自然，归于自然；生不带来一根丝，死不带走一寸木。”为敬树、护树，他们的祖先制定了极为严厉的寨规，乱砍伐一棵树木要罚“三个一百二”，即“一百二十斤猪肉、一百二十斤米、一百二十斤酒”，供全寨人食用，以儆效尤。

1976 年，怀着对伟人毛泽东主席无限崇敬的岜沙人，毅然决定将寨前一棵直径 1.2 米的千年香樟树砍倒，敬献给毛主席纪念堂。樟树出寨时，全寨老少都跑到公路两边夹道目送。岜沙人于树址处建造了一座八角纪念亭。这是岜沙历史上唯一的砍古树行动。

岜沙苗寨文化底蕴深厚，入选“地球上最神秘的 21 个原生态部落”，是贵州省政府重点保护的民族村寨，被誉为苗族文化的“活化石”和“博物馆”。

加榜，月亮山农耕文化的活标本

加榜，是一个乡，是一片山，是一个地标；加榜，是一幅画，是一首诗，是一支牧歌；加榜，是一种文化，是一种文明，是一种精神。说白了，加榜其实是一个公园，一个铺展在月亮山千沟万壑间的湿地公园。

加榜乡位于从江县西南，乡人民政府驻地距离县城 110 多千米，山高、坡陡、谷深。各村寨位于海拔在 520~1050 米的山岭、山腰或山谷。全乡总面积为 211 平方千米，辖 17 个村 94 个村民小组和 68 个自然寨。全乡几乎没有坝区，山多田少，仅有的稻田也多为梯田，层叠堆垛，覆山盖岭，这是加榜人世世代代辛劳和智慧的结晶。

加榜梯田位于月亮山腹地。这里是云贵高原向广西丘陵山地过渡的地带，属九万大山剥蚀地貌区，山势抬升强烈，沟谷深达千米，并呈放射状分布。由于梯田面积巨大，气势磅礴，水网密布，且线条优美，国家将其建为湿地公园。

国家湿地公园主要包含公路两侧全长 25 千米的党扭、加页、加车、摆别、摆党 5 个村，总面积 2900 多公顷。无论从局部还是整体形态来看，加榜梯田都汲取了天下梯田之精华，特别是被梯田包围或被梯田托举着的木楼村落，恰似镶嵌于河汉里的繁星，成了湿地公园生动的点缀，体现了人类与自然的和谐之美。

作为湿地公园，它以保护加榜梯田湿地及以梯田为载体衍生的民族文化和农耕文化为核心，以梯田的独特景观为特色，集湿地保育、科普宣教、生态观光等多功能于一体，具有多重功效和极高的品位。

因山势多变，梯田形状也千奇百怪，如方块，如三角，如月牙儿，如太阳，如镰刀，如秤钩，如牛角，如问号……线条疏密有致，流畅飘逸。因河谷低洼，气候温湿，与山上形成较大温差，每日晨昏、同一地点的景色也会不同。雨后的清晨，河谷升腾的水汽山岚，弥漫在整个峡谷中，把美丽的梯田同苗寨全都笼罩在云雾之中。山风吹过，云流雾涌，梯田和村寨若隐若现，宛若海市蜃楼。初升的太阳在白雾上投下万道霞光，慢慢浸润了苗寨千年不醒的梦。随着阳光穿破云层，苗寨和梯田便渐渐明晰生动起来，一岭梯田就储满了一岭的旭日，每一轮都红得格外耀眼。雾散云收，天低野旷，那些梯田就像仙女摔碎了梳妆镜，一块块全都装满了天光云影，飞鸟翱翔在水底，游鱼嬉戏于云间，水草飘摇于

加榜梯田（罗玲　摄）

蓝天。夕阳西下，山影重重，半明半晦，被晚霞映红的梯田，像醉了酒一般。

在这里，田园风光之美、创业精神之美、历史人文之美、民俗文化之美……美美与共。中国传统村落、中国最美休闲乡村、特色民俗村寨、农耕博物馆、中国最美田园……哪一个名号不熠熠生辉，令人艳羡？

其实，加榜也只是百里月亮山地区众多梯田中的一角。

秀丽的肇兴侗寨

侗族村寨以鼓楼、花桥、戏楼等木构建筑和优美的民居环境闻名于世。

肇兴镇是贵州省黔东南苗族侗族自治州侗族村寨的典型代表，位于黎平县东南部，占地面积 18 万平方米，居民 1000 余户 6000 多人，是全

肇兴侗寨（莫章海　摄）

黎平肇兴侗寨拦门酒（姚宁　摄）

国最大的侗族村寨之一，素有“侗乡第一寨”之美誉。肇兴侗寨是黎平县风景名胜中的核心景区，2005 年被《中国国家地理》杂志评选为“中国最美的六大乡村古镇”之一，2007 年被《时尚旅游》和美国《国家地理》杂志共同评选为“全球最具诱惑力的 33 个旅游目的地”之一。肇兴侗寨始建于南宋绍兴三十年（1160），距今有近 900 年的历史。

肇兴全是陆姓，共有五大房族，分居 5 个自然片区，分别以仁团、义团、礼团、智团、信团命名。每个团分别有自己独特的鼓楼、花桥、戏楼。5 座鼓楼造型美观，形成黔东南最集中、最壮观的侗寨鼓楼群，也是肇兴侗寨的重要标志。

鼓楼是侗寨的标志性建筑，一般建于寨子的中心。其他建筑如风雨桥、戏台、民居，都围绕鼓楼呈辐射式布局。鼓楼是村民重要的活动场所，寨子中最重要的公共事项都在这里议定。村民们的日常交流、娱乐、节庆活动也都在鼓楼进行。

肇兴侗寨鼓楼群，外观雄伟，构造严谨，工艺精湛，全杉木材质，榫卯相接，不用一颗铁钉，是侗族建筑技艺的集中体现。肇兴侗寨因独特的鼓楼群及其独特工艺，被誉为“鼓楼文化艺术之乡”。

围绕着鼓楼群，数百栋侗族木楼密布，鳞次栉比，密而有序，坐落在苍山竹海之间的开阔谷地里。一湾细流蜿蜒在村寨中间，四季长流，潺潺不绝。水质清澈，游鱼卵石，历历可见。早晚炊烟袅袅，山岚缥缈，使整个村子显得和谐宁静，充满诗情画意。肇兴侗寨的村民千百年来就安居在这个古朴的山寨里，造梯田，种茶树，男耕女织，与世无争，过着自给自足、平静安闲的生活。年年岁岁，世代繁衍，由最初的几十户发展到1000余户6000多人，成为名震四方的少数民族传统村落。20世纪80年代以来，随着旅游业不断发展，肇兴侗寨电力、交通、通信等各种基础设施日益完善，四海游客慕名而来，肇兴侗寨的美名随之传遍海内外。

旅游业成为目前肇兴侗寨的支柱产业，旅游接待能力日渐增强。民宿和餐饮、工艺店铺林立，茶油、腌鱼等侗家人日常必备的生活食品，变身为旅游热销特产。但肇兴侗家人热情、周到、暖心的待客之道始终没变，村民用富有理趣的侗戏向客人讲述古老的村史，用精美的农家食品犒劳远方的贵客，用曼妙的侗族大歌安抚客人旅途疲惫困顿的心灵，用真情留住客人匆忙的脚步。

独特的地良村

地良是贵州省黔东南苗族侗族自治州天柱县高酿镇的一个村，也是黔东南成功申报的中国少数民族传统村落的代表之一。以典型的北侗民居、北侗民歌和先进的教育理念等著称。

地良村地形复杂，为天柱县海拔最高的村落，平均海拔 824 米。境内最高峰是黔东南有名的黄哨山，海拔千余米，高峻奇险，古时候为通往京城要道的重要关隘。当地有民谚云：“黄哨山，离天三尺三，人过要脱帽，马过要下鞍。”

地良村就处在这伟岸雄奇的黄哨山腹地。境内地形经历多次地壳运动，形成了一系列的褶曲和断裂带，峡谷迭生，形成地良大峡谷、皇朝大峡谷、鸳鸯河大峡谷、观虎山大峡谷、洞王溪大峡谷等多个峡谷。每个峡谷，奇壁危崖，怪石高耸，鬼斧神工。五条小河推山而出，形成随处可见的阶梯流瀑。晴天雨日，山岚流彩，彩虹斜挂，蔚为壮观。

高山瀑布汇集成小河，沿谷底潺潺流过。地良村村民就在河两岸开田拓土，营造自己的美丽家园，先后建成 10 余个大大小小的自然寨。沿河修路，依山起屋，建造吊脚木楼，配建小桥水车、凉亭长廊、庙宇祠堂、古井粮仓。并在村子四周、村头河畔，田边地头，多植松、杉、楠、柏、竹和各种果木，远远看来，地良村田土相间，房舍与树木相互映衬，河流与村子相依相连，山川包容了村庄田园，好一幅大山民居图！

地良村人约建立于明神宗时期，先后迁入姚、龙、汤、胡、杨、潘、伍、肖、刘、王等姓氏，逐步组成数百户几千人的侗族村落。地良原名“地凉”，相传清乾隆皇帝下江南时，因慕“地凉歌”之美名，便沿古花街一路寻到了地凉村。热情好客的地凉村民捧着浓香米酒拦路向客人敬酒，唱旋律优美、高亢悦耳的飞歌献给客人。酷爱吟诗作对的乾隆帝龙颜大悦，当即赐题“钟灵毓秀，人大地良”，并在古井旁寨门上题写一联：“绿水潆洄，绝似银河飘玉带；苍山缥缈，依稀佩月锁金牛。”客人离去后，村中长者忽顿悟：当朝天子过路！令村民一齐向着皇帝离去的方向跪谢，将村名改称“地良”并沿用至今。

地良瀑布（武启超　摄）

地良村处在群山环抱之中，古代官道旁边。村旁有一座著名的白云书院，位于高耸入云的黄哨山山腰，留下许多文人墨客的足印和墨迹。一大批进士曾经过这里，赶往京都，踏上漫漫仕途。受到书院的影响，地良村人杰地灵，代代走出文人名士，一直影响着这里的教育。地良村村民特别重视教育，有培养子女成才为荣的良好传统。近年来，地良村出了不少名校大学生，几百户人家的小村，居然出了 7 名博士，是黔东南有名的“博士村”，在黔东南百里侗乡，可谓绝无仅有。

地良村还保存着黔东南北部侗族的传统习俗，当地民歌非常有名，每年举办民歌节活动，举行民歌大赛，吸引着远近村落成千上万的群众参加。

近年来，地良多位乡贤能人反哺家乡，返回村子投资旅游业，整理村史，兴办民宿，重振乡风，一时间地良成为黔东南北侗地区新兴的文旅驿站。短短数年时间，这里吸引来全国各地众多的民俗学者和游客，地良村的知名度、美誉度在迅速攀升。

侗族生态博物馆——堂安

作为侗族生态博物馆的堂安，不仅具备侗族同胞生活的一切元素，而且兼具村容寨貌完整的建筑美、风情美、环境美和生态美，成为黔东南乡村旅游的一张名片。

堂安侗寨位于黔东南苗族侗族自治州黎平县肇兴镇，距全国最大的侗寨肇兴仅 5 千米，距黎平县城 75 千米，坐落在海拔 935 米的半山腰，上为葱郁的原始森林，下为连绵层叠的梯田，云雾环绕，百泉喷涌，群鸟欢歌，幽静宜居。整个侗寨有 12 个寨门，有鼓楼、戏楼、吊脚木楼、石板路、古墓葬群、古瓢井以及水碾、石碓、纺车等古朴典雅的实物，每个角落都藏着底蕴深厚的侗族文化。

这里四面青山，峰峦叠嶂，阡陌纵横，梯田层叠。山腰间的民居依山就势，悬空吊脚，井然有序。寨中的鼓楼是侗寨的标志，是侗家人的灵魂居所，也是侗族人民团结的象征。鼓楼、戏楼与歌坪三位一

堂安生态博物馆

堂安古瓢井（姚宁　摄）

体，显示出侗族村寨的元素符号。寨中小径幽深，四通八达，上下勾连的条条巷陌，均用青石板铺墁。鼓楼上坎有一眼四季长流的清泉，流入用青石打制成的 2 尺见方而带把的石斗中，石斗下用多边形石礅支撑，清冽的泉水在斗中聚满，又从左右凹槽哗哗溢出，这里的侗家人把这种带把的斗井称为“瓢井”，因为它的形状如同木瓢。

1995 年 4 月，中国学者和挪威学者组成的课题小组，应贵州省文化厅的邀请，在堂安进行实地考察时一致评价：堂安侗寨是人类返璞归真的范例，这里有着极高的历史科学研究价值，有着侗族文化以及侗族风情研究价值，有着侗民族旅游资源开发价值和人类生态保护价值。

这里的多声部侗族大歌曲调优美，无伴奏，无指挥，如高山流水，似林间蝉鸣，像大浪淘沙，蜚声世界。

尽管堂安侗寨历史悠久，然而至今仍保持着原汁原味、古朴浓郁的侗族风情，构成一个古意盎然的典型的侗族文化空间载体，在别的地方并不多见。现在寨子里有200来户人家800多人口。除了青山、古树和梯田等优美的自然环境以外，寨中木楼民居依山就势，井然有序。这里的一切实物都保持着原始风味，成为“浓缩的侗乡”，是人类返璞归真的理想地。

1999年12月，中国与挪威合作建设的中国唯一的一座侗族生态博物馆在这里落户，成为中国与挪威合作建设与保护的4座生态博物馆之一。生态博物馆的概念最初诞生于法国，其基点是文化遗产应原状地保护和保存在其所展示的社区和环境之中，社区的区域就等同于博物馆的建筑面积。这里的一切自然和文化遗产都是生态博物馆的一部分，任何实物都可能成为历史记录。2002年，贵州省人民政府将堂安列为全省重点保护民族村寨；2012年，被列入第一批中国传统村落名录。

堂安梯田（杨胜屏　摄）

古法造纸之乡——石桥

在苗岭余脉大山腹地峡谷里，一湾清溪九曲百折而来，绕着玲珑的村落，缓缓而过。两岸奇崖险峰叠出，森林繁茂，风景如画。河谷近岸，田园屋舍交相分布。乡村公路沿河岸向河谷两头延伸。远远看来，这个古老的村子小桥卧波，流水无声。花桥木楼，旅馆闲亭，错落有致。公路街道，鲜有人迹，车马不喧。自然山水与人文建筑互衬成景，相得益彰，情趣盎然。宛如一幅彩色的国画，安静祥和，静静地泊在美妙和谐的山谷之中。这就是将蔡伦改进的造纸术完好地传承千年，名播神州的丹寨县南皋乡石桥村。

乍看起来，这个村子与黔东南众多山水相依的传统村落相比，并没有什么特别的地方。可是当你走进村子，近距离触摸它的历史和文化，才恍然大悟，惊奇不已——这是一个文化底蕴十分厚重的山村。这个小小的村落是传统手工“古法造纸”的重要基地，获得了“中国非物质文化遗产生产性保护示范基地”“法国洛泽尔省乡村旅游合作项目示范基地”“中国古法造纸艺术之乡”“贵州省 100 个重点建设景区”“贵州省 21 个重点示范旅游景区”“贵州最具魅力民族村寨”等荣誉称号。它是镶嵌在黔东南苗族侗族自治州西南旅游线上的一颗十分奇特的明珠。

石桥村位于丹寨县北部南皋乡境内，距丹寨县城 35 千米，距黔东南州府凯里市 36 千米。全村 400 余户 1900 余人。走进石桥古寨，贯穿整个村子的是一条几百米长、具有百年历史的纸街。一字排开的多家古法纸业经营店面，每家作坊都有碎料、制浆、抄纸、烤晒、成品展销等生产工序流程，产品销售、生产体验等配套设施也一应俱全。身着普通汉服的妇女、青年汉子，动作不疾不徐，操作着独特的工具，在各自的岗位上舒张有致地劳作。他们仿佛是看惯秋月的隐者，桃花源里的居民，心境平和，荣辱不惊。这样古老而神奇的场景，让游人感觉到一种古拙而浓郁的文化气息扑面而来。仿佛这不是一个普通的苗族村寨，而是从远古摘取的一段画面。这正是石桥村的独特文化魅力所在。

据有关专家考察，石桥古纸制作技艺属于唐代造纸技艺，它是石桥苗族先民借鉴汉民族的造纸技术，以当地构皮树、杉根和清澈的河水为原料制作古纸的传统技法。现石桥村还遗留两个数百年的古纸生产作坊遗址。一处是在村子侧边的大岩脚古法造纸作坊遗址，已被列为省级文物重点保护单位。大岩脚石崖是喀斯特岩层的一个断面，高 80 多米，宽百余米。崖壁前倾，凌空斜生，探入高天，能遮风避雨。崖壁岩层折叠，

石桥古法造纸作坊（姚宁　摄）

色泽丰富，沧桑可见。小树、苔藓、兰草、水渍点缀其上。崖底宽展，晴无晒，雨不淋，冬暖夏凉，四季皆好。有一股清泉从壁底溢出，汇集成流，从壁下潺潺淌过。当地村民就借助这良好的自然条件，在崖壁下建造纸作坊，生产古纸。今遗存的十来个百年抄纸池，仍在正常使用。另一处古作坊，在距离村子约 1000 米的一个溶洞里。当地人称穿洞，洞里空间很大，可摆放数百桌酒席，洞里一股清流喷涌而出。善于利用自然条件的石桥村村民，就充分利用这溶洞的优越条件，建立古纸生产作坊，一代一代传承。相传民国年间最热闹，几十户人家，几十间作坊，生产的纸畅销全国各地。

古纸生产除了需要特殊的原材料外，对水的要求十分苛刻，水的酸碱度要适当。石桥两处古作坊延续至今，历久不衰，与两个地点溶洞里流出的地下水有着密切的关系。经检测，石桥两处造纸作坊利用的溶洞水都呈弱碱性，是古法造纸绝佳的用水，为作坊生产优质古法纸提供了品质保障。

石桥古法造纸历史无文字可考，从当地村民保存的古纸测定，约有 1500 年历史。村人说石桥造纸源于蔡伦的造纸术——那是中国古代四大发明之一。石桥村人口口相传，当地造纸术是学习引进汉族的古法造纸术，通过实践不断改进，形成自己独有的生产工艺，并很好地传承下来。在大岩脚造纸遗址的石壁上，村民们至今供奉着造纸鼻祖蔡伦的画像。每年春天，村民都要选择吉日，举办盛大的祭祀活动，来追念和感谢为村人带来巨大财富的古代造纸术发明人。

石桥村古法造纸业形成了相当规模，村子有将近三分之一的劳力从事古纸业的生产经营，每年有几百万元的产值。在以王兴武为代表的古法造纸传承人的努力下，当地人积极利用丰富的植物资源，开发出了数十种厚薄不一、色彩丰富的各类传统纸，可用于书法、绘画、装潢、装饰、工艺美术、古籍修复等。村民们从山上采撷不同的花草，依照独特的工艺，将花草树叶点缀纸上，形成自然美观的特色装饰用纸，以其手工制作、产品唯一性、用材源于自然等特点，很受消费者欢迎。纸产品

体验古法造纸（姚宁　摄）

深受国内外顾客的青睐，除在国内销售外，还远销东南亚国家。石桥生产的古籍修复纸非常有名，薄如蝉翼，绵柔似绢，经久耐存，品质特佳，是石桥古法纸中的精品。因而受到国家图书馆、国家博物馆古籍修缮工作者的欢迎和好评，并长期保持着一定量的订单。

石桥村村民还推出古纸生产传承演示旅游项目，向国内外游客和中小学生开放。游客可以在当地技师的指导下，利用作坊提供的工具和原料，按照自己的喜好和构想，自行设计制作各种精美的手工纸。待纸成型晒干后，由作坊邮寄给游客，作为他们珍藏的特殊纪念品。这项服务有很大的吸引力，每到假期，很多家长带着孩子到石桥，让孩子自己动手制作古法纸，真切感受这项传承千年的造纸技艺的神奇魅力。

教育基地

第七章 红色土地

榕江是块红色土地

榕江是块红色的土地，也是块绿色的宝地。

在 20 世纪 30 年代初期，中国工农红军曾先后两次经过这里，播下了革命种子。如今，种子已经生根发芽、开花结果，把这块土地装扮得如诗如画。

1930 年 4 月，邓小平同志领导的中国工农红军第七军在广西百色建立政权后，按照中共中央“只有向外发展，才能解决红军的一切困难，才能扩大红军的政治影响”的指示精神，第一、二纵队在总指挥李明瑞和军长张云逸的率领下，由广西宜北出发，途经贵州荔波，长途奔袭黔军后勤重镇榕江古州城。

4 月 30 日，红七军一举攻占古州城，歼敌一个团，缴获了大批的辎重，不仅补充了部队供给，而且也鼓舞了士气。这次胜利，在红七军发展史上占有重要的地位，也在贵州革命史上谱写了光辉的篇章。榕江大捷，是中国工农红军第七军成立以来打的第一个大胜仗，是中国共产党领导的革命军队第一次进入贵州省地域和解放贵州省的第一个县城，在庆祝五一国际劳动节暨祝捷大会上，军民高唱《国际歌》，这是《国际歌》在榕江第一次唱响，也是《国际歌》在贵州这块土地上第一次唱响。

红七军攻克榕江后，大力开展政治宣传、打土豪、分田地、分财物、镇压地方反动势力、扩军等活动，在广大民众中产生极为深刻的影响。红七军经过月亮山所留下的足迹，今天成了发扬红军长征精神，重走红军路的一条重要红色旅游线路。红七军在九秋苗寨宿营的地点、加宜苗寨养马的马圈、加宜苗寨住过的民居和送给苗族向导的战刀，以及走过腊酉时的红军桥和红军渡口，至今都保存完好。这些都是红色旅游的亮点，仍然闪着红七军不畏艰险、不怕牺牲，为劳苦人民求解放的精神光辉。

红七军攻克古州城的战斗遗址牛形坡、水洞卡、古城墙浸染了红七军将士的鲜血。在攻城的战斗中，有一大批指战员负伤，甚至壮烈牺牲，为中国革命献出了宝贵的生命。这里面包含着多少悲壮的雄心，多少欢

榕江红军桥（黄万鑫 摄）

喜的热泪，多少义无反顾的从容和多少勇往直前的坚毅。先烈们是永垂不朽的，他们的鲜血融汇成了五星红旗，像满天的红霞，满地的红雨，映红了祖国的天空，洒满了新中国的大地。

攻克古州城以后，红七军迅速在这里建立苏维埃民主政府和两个党支部，建立自卫队和游击队，发动群众起来参加革命。

红七军军部旧址位于榕江县古州镇古州中路西侧。攻占榕江县城古州后，张云逸军长和李明瑞总指挥就在这里召开军事会议，并将军部暂设于此。

旧址原为清代古州镇总兵署，始建于清雍正八年（1730），乾隆元年（1736）建成规模宏大的镇台衙门，为四合院建筑，呈长方形，占地面积2900余平方米。现存门楼、前厅、后厅、左右厢房、后院和南北耳房，有天井两个，四周为青砖空斗封火墙。咸丰六年（1856），农民起义军攻占古州城，总兵署被焚毁。同治十一年（1872）清廷在原址重修，为防战乱，增强总兵衙门的防御能力，外围墙改建护院城墙，并在头门和城墙上设置炮台，此处成为古州城内城。

红七军撤离后，军部旧址相继为榕江联立小学、国师附小、中正小学校址和国民党榕江县党部驻地。1985年，省人民政府将其列为省级文物保护单位；1992年，榕江县人民政府在此设立榕江红七军历史陈列馆，成为宣传榕江历史文化的重要平台；2002年，省人民政府公布榕江红七军历史陈列馆成为贵州省爱国主义教育基地、贵州省青少年爱国主义教育基地；2004年，又公布其成为贵州省国防教育基地。军部旧址现已成为全县人民学习革命先烈、接受革命传统教育和爱国主义教育的重要场所。

1934年，红军长征第三军团一部和第一军团福建师，再次分别进入榕江县朗洞休整。红军在朗洞得到老百姓的大力支持，解决了部队给养问题，并妥善安置红军伤病员。在休整期间，红军充分发挥宣传队、播种机作用，在东门城外召开群众大会，深入百姓家中宣讲革命道理，宣传工农红军政治主张，唤起民众参加革命和抗日斗争。红军主力北上后，还安排了部分受伤的红军战士留下来组建当地苏维埃政权和赤卫队，继续推动抗日斗争和开展打富济贫活动。红军留下的许多标语，被当地的群众保护起来，至今保存完好的仍有两幅，一幅是关于“苏维埃政府抗日五条主张”，另一幅是关于“白军士兵抗日六条纲领”。朗洞镇人民政府在朗洞城旁分别修建了红军长征纪念碑和纪念浮雕，作为青少年爱国主义教育基地。

2006 年 11 月，贵州省委、省政府将榕江县划定为革命老区县，这表明了红七军和中央红军在榕江的巨大影响，也肯定了榕江这块红色土地对中国革命所做出的贡献。

榕江县优美秀丽的山水自然风光、浓郁多姿的民族风情、原始古朴的人文景观以及大山深处的红色故事，构成了榕江“红色”与“绿色”交相辉映的多彩文化特点，吸引着海内外游客。

黎平会议会址

黎平从遥远的秦汉盛唐走来，作为宋元明清的边陲古郡，金戈铁马从未停歇。洪武大帝的屯兵浪潮、流放诗人的哀情愁绪、仁人志士的精忠报国、黎阳书院的治学遗风，以及荆楚徽晋客商的繁华旧梦，在这一隅历史中都渐渐归于平静。直至“地球红飘带”席卷而过时，才真正让这座边城迎来一抹黎明的曙光。

80 多年前，正当以瑞金为中心的中央革命根据地蓬勃发展的时候，蒋介石调动 50 万兵力进行第五次“围剿”，采取“堡垒”战术，步步推进。那时“左”倾路线在党中央占据上风，博古为临时中央负责人，在共产国际军事顾问李德的支持下，与敌人拼实力、拼消耗，致使红军遭到巨大损失，根据地日益缩小。

1934 年 10 月，第五次反“围剿”的失败，导致红军在中央苏区已经无法立足，被迫进行大规模的军事转移，开始了长征。在大撤退大转移的过程中，博古、李德极力主张进军湘西，与红二、六军团会合。

这一意图很快被蒋介石发觉，调集重兵围追堵截，打算将红军一举消灭。红军连续突破四道封锁线，陷入被动挨打的困境。湘江一战最为惨烈，红军损失过半，由 8.6 万人锐减到 3 万多人。

紧要关头，毛泽东力主中央红军放弃到湘西与红二、六军团会师的计划，避实就虚，向敌人军事力量薄弱的贵州进军。

中央领导人在湖南通道召开紧急会议，多数人从惨痛的教训中认识到必须改弦易辙，支持毛泽东进军贵州的主张。博古、李德等迫于形势，勉强同意，但仍顽固坚持到湘西建立根据地。

通道会议以后，经过毛泽东的努力说服，许多领导者转变了观点，支持毛泽东的正确意见。1934 年 12 月 15 日，中央红军占领黎平。

12 月 18 日，党中央政治局在黎平召开会议，史上称为“黎平会议”。参加会议的有周恩来、博古、毛泽东、陈云、刘少奇、李德等，会议讨论红军的进军路线问题。会上展开了激烈的争论，与会大多数人肯定了毛泽东的正确主张，通过了《中央政治局关于战略方针之决定》，决定放弃与红二、六军团会合的原定计划。

黎平会议是红军离开江西后召开的一次重要会议，在紧要关头改变红军的战略方针，确定了向贵州转兵的战略决策，使红军变被动为主动，为遵义会议的召开奠定思想基础和组织基础。

此后，中央红军挥戈西指，挺进黔北，横扫黔军，势如破竹，由被动变为主动，一下子就把十几万敌军甩在了湘西，使蒋介石企图在沅江

黎平会议会址（姚吉宏　摄）

以东围歼中央红军的计划彻底破产。此时行走在崇山峻岭中的毛泽东心情愉悦，写下了气势磅礴的《十六字令三首》：“山，快马加鞭未下鞍。惊回首，离天三尺三。山，倒海翻江卷巨澜。奔腾急，万马战犹酣。山，刺破青天锷未残。天欲堕，赖以拄其间。”

红军在黎平进行整编，重新组织战斗力量，突破了黔军的清水江防线，连克剑河、台江、镇远、施秉、黄平、余庆，抵达乌江南岸。

强渡乌江，成为红军长征以来取得的第一个重大胜利，极大地鼓舞了红军的战斗意志，红军掌握了战争的主动权，在长征史上写下光辉的一页。黎平会议的正确决策，也因红军的胜利载入了革命史册。

黎平会议会址在黎平县城二郎坡 52 号。原为翘街胡荣顺店铺。会址为晚清建筑，前低后高，分为三进，是黎平城中建筑十分讲究的古式木楼。第一进为店铺，第二进为住宅，第三进为后院花园。有大小天井 8 个，四周为青砖空斗封火墙，高约 20 米，总面积 800 余平方米。

第一进门面左墙壁书有“锅鼎瓷器”4 个行书大字。第二进有一较

黎平翘街（姚宁　摄）

大的天井，正堂雕塑“二龙戏珠”，左右窗边书有“绸缎布匹”“苏洋广货”“京果杂货”“各种名酒”等行书大字。正堂对面雕塑两只大凤，技艺精湛，做工精美。墙顶有一屏风台，塑有狮、鸟、兔等动物。左右两侧为格扇门书房，房后为小天井，置有青石水缸。墙壁上绘有以历史故事为题材的壁画。整个建筑高大、宽敞，为黎平县城内屈指可数的老式民房。

黎平会议会址，1978 年被黎平县革命委员会列为县级文物保护单位，1982 年被贵州省人民政府公布为省级重点文物保护单位，1995 年被共青团中央命名为“全国青少年爱国主义教育基地”，2005 年被中宣部命名为第三批“全国爱国主义教育示范基地”，2006 年被国务院批准列入第六批全国重点文物保护单位，2017 年被国家发改委列入全国红色旅游经典景区名录。

80 多年过去，黎平县已被省里划定为革命老区，经过全县各族人民的共同努力奋斗，如今的黎平焕然一新，城市面积较以前扩容了十几倍，高楼大厦林立，街道宽敞整洁，城市功能齐备，品位不断提升。全县乡村公路密集如网，高速公路四通八达，交通十分便捷；随着黎平机场的通航，进一步拉近了黔东南与世界的距离。作为全国首批“全域旅游示范区”创建区、中国革命老区、全国 100 个红色旅游经典景区，黎平县依托丰富的资源优势，走侗族文化、红色文化和生态文化多重发展之路，建成了长征国家文化公园（黎平段）核心展示及体验园。该园位于国家 AAAA 级景区翘街景区规划保护范围内，占地面积约 1.8 万平方米，涉及木质结构仿古建筑 38 栋。

作为“曙光之城”的黎平城，像一颗镶嵌在贵州高原边缘的明珠，璀璨夺目，熠熠生辉。

第八章

英贤选萃

明代大儒
孙应鳌

孙应鳌（1527—1586），字山甫，号淮海，谥文恭，贵州清平卫（今黔东南苗族侗族自治州凯里市炉山镇）人，是黔东南历史上最有影响的文学家、理学家、教育家、书法家、诗人，堪称一代大儒。孙应鳌生于明嘉靖六年（1527），相传孙应鳌刚出生时，有人提一条大鱼来他家，其父感念，给其取名应鳌。

孙应鳌天资聪颖，刻苦好学，进步很快，长于诗文，9岁便能作文赋诗。嘉靖二十五年（1546）中举人第一名，嘉靖三十二年（1553）取癸丑科进士，选庶吉士，改户科给事中，出任江西按察司佥事。后迁陕西提学副使，晋四川右参政，擢佥都御史，抚治郧阳，后为朝廷大理卿、户部右侍郎，又改礼部，充经筵讲官（他是贵州开省以来第一个为皇帝讲学的人），掌国子监祭酒事（相当于今天的教育部部长），后任刑部右侍郎、南京工部尚书等。

孙应鳌

他知识渊博，体察民情，善于调查研究，曾提出“勤学、励政、亲贤、远奸”等建议，受到皇帝的重视和采纳。作为名臣大儒，他传承王阳明思想，成为明代四大理学家之一，是贵州省古代第一位哲学家。他也是当时著名的诗人，其诗作甚丰，现存《黔诗纪略》中，收其诗共457首。他的诗集《学孔精舍诗钞》流传至今，是贵州最早的一部诗集。《黔诗纪略》评价他是“贵州开省以来人物冠”。

他一生重视教育，曾几度任教育部门高官，任陕西提学副使时，作《谕陕西官师诸生檄》16条，详细阐明了他的教育主张和为学之道。任国子监祭酒兼经筵讲官时，锐意改革，培养了不少有真才实学的人才。50岁辞官回乡后，在家乡清平建孔子院，为家乡青年讲学，培养大批后辈人才，为发展贵州文化教育事业做出了重大贡献。他书法精湛，擅长楷书、行书。现西安碑林存其楷书《谕陕西官师诸生檄》。

孙应鳌一生涉猎领域甚广，且均有很大建树，理学、易学、美学、文学等方面都取得丰硕成果。主要著作有《学孔精舍诗钞》《学孔精舍汇稿》《淮海易读》《春秋节要》《左粹题评》《四书近语》《律吕分解发明》《论学会编》《教秦语录》《教秦总录》《教秦绪言》《雍谕》《幽心瑶草》《道林先生粹言》《庄义要删》《督学文集》《归来漫兴》等，均由明清学者刊行于世。

现凯里市炉山镇仍保存着当地群众为纪念孙应鳌而修建的公祠——孙文恭公祠，为凯里市重点文物保护单位和重要人文景点之一。

（本文图片由孙仕堂提供）

晚清状元
夏同龢

夏同龢，黔东南麻江县人，清光绪十九年（1893）中举。清光绪二十四年（1898）被光绪帝“御笔钦点”为戊戌科（恩科）一甲一名进士（状元），为贵州史上两个文状元之一。

1874年，夏同龢出生于书香官宦之家，自幼随父奔走各地，见多识广。

光绪十九年（1893），夏同龢参加贵州乡试中举。光绪二十四年（1898）三月，他进京参加会试。光绪二十四年四月二十四日（1898年6月9日），他来到紫禁城保和殿参加殿试，就“求才、经武、绥远、理财”四个问题进行了逻辑缜密的应答。两天后，光绪帝断然发布《定国是诏》，宣告震惊中外的“戊戌变法”运动拉开帷幕。

夏同龢

6月12日，刚在头一天宣布变法的光绪帝，“御笔钦点”夏同龢为戊戌科一甲一名进士（状元）。钦定后变法继续推进，因而，夏同龢成为“戊戌变法”这个非常之年产生的状元。夺魁后的他随即被授修撰一职，进入翰林院，踏进国家的政治核心圈。

1904年，他东渡日本，入日本法政大学

法政速成科第一班学习法政，成为中国历史上第一位获得状元和留学生双重身份的人。在日期间，其学习刻苦，成绩优秀，考试文章《清国财政策论》全文刊载于日本《法律新闻》上。同时，还完成了奠定其在中国近代行政法学史地位的《行政法》一书的编写。该书是中国最早介绍现代行政法律制度的书籍之一。回国后，夏同龢筹办中山大学前身广东法政学堂，这所学堂为中国最早期实施法政教育的专门学堂，培养了许多活跃在中国政治舞台上的人物。1905 年 11 月，其出任广东法政学堂（今中山大学前身）监督（即校长）。

中华民国成立后，夏同龢回到贵州。1913 年，当选为第一届国会成立时众议院议员，再次北上来到北京。

同年 7 月，他被推选为宪法起草委员会规则委员，后被选为起草委员会六名理事之一。在这群年轻的委员中间，他为旧功名最高的人，但他并不保守，在历时三个多月的宪法起草时期，他提出了不少具有共和精神的看法。如在总统选举问题上，他提出了由人民初选后组织选举机

夏同龢故居

关选举总统的这样一种美国式的总统选举办法。

1914 年，袁世凯解散议会后，夏同龢历任政事堂佥事、知事试验委员、湖南都督府高等顾问官、湖南国税厅筹备处处长、法制局佥事等职。

1917 年，夏同龢出任江西省首任实业厅厅长，曾协助人称“长江三督”之一的江西督军陈光远，为维护地方和平做出一定贡献，并获总统授予的二等大绶嘉禾章。

1919 年 6 月，夏同龢辞去江西省实业厅厅长一职，回到北京。晚年，潜心于佛学。1925 年，心脏病发作，经医治无效，于北京劈柴胡同住所逝世。

位于麻江县高枧村狮山脚下的状元第，建于清光绪年间，依山就势，为典型的南方普通高封火墙式围护四合院建筑。占地面积 1683 平方米，建筑面积 542.37 平方米，为省级文物保护单位。作为旅游之地，景区大门正中挂有红色的“与龢同辉”的牌匾，至今当地人对其仍怀有崇敬和怀念之情。

（本文图片由文学湘提供）

北伐名将 王天培

王天培，1889 年生，字植之，号东侠，侗族，天柱县人，国民革命军著名将领，北伐名将。

其幼年时，就心怀壮志，决心精武报国，考入贵州陆军小学堂，之后升入武昌陆军第三中学。其间，辛亥革命即将爆发，他加入同盟会后投身革命。到武昌起义时，被战时总司令黄兴任命为凤凰山要塞司令。革命胜利后，因有军功，被送入保定军校深造。护国战争中，身为营长的他，曾创下以一营之寡胜一旅之师的奇迹。袁世凯灭亡后，1921 年秋，北洋军政府据广西作乱，孙中山下令讨伐。升为团长的王天培奉命出征，以一团之兵击败柳州叛军一旅之众，再次创下奇迹。因其娴于韬略、智勇兼备，战斗中出奇制胜、重创强敌，军事才能卓越，深受孙中山器重。动乱平息后，被孙中山任命为中央直辖黔军第一独立旅旅长，后又晋升师长。1926 年秋，他率部出征北方军阀势力，在湖南洪江誓师，被任命为国民革命军第十军军长兼左翼前敌总指挥。

王天培将军

洪江誓师之后，他挥师南下，在湖

南新化打败了吴佩孚帮凶韩彩凤和沈鸿英。接着，其统率北伐第九军、第十军两军，攻占常德、澧州、藕池口、石首、松滋、沙市、荆州、长阳、枝江、横堤、屋崖等重镇，与其他部队一起横扫湘鄂，所向披靡。然后，渡过长江，攻占宜昌，直指赣皖。第十军自湘而鄂，转战江西，纵横千里，一路收编，兵力一度增至 9 万余众。攻占安庆后，王天培被任命为北伐第三路军前敌总指挥，率北伐第十军、第七军、第二十七军、第三十三军、第四十四军及冯祥武、王令韬等独立师，由镇江、常熟、芜湖向北挺进。在三路大军的打击下，不到一月，赣皖苏悉为北伐军所占，敌兵败如山倒，纷纷北逃。北伐军乘胜追击，直逼徐州。

徐州为军事重镇，由孙传芳和张宗昌在此纠集重兵死守。然而王天培仅用 14 天，就取得了徐州大捷，共歼敌 8 万余名，俘敌 2 万余名，击落飞机 5 架，摧毁和缴获铁甲车 50 余辆及无数辎重。由于此战役为北伐中的大战役之一，意义重大，敌军胆寒，全国振奋。各地举行了隆重的庆功会，各报竞相报道，将王天培的第十军和叶挺的独立团并称为“铁军”。

然而，就在他乘胜进军时，却一连接到蒋介石的两道急令：一是命他“停止北伐，火速回师讨逆”。二是密令他“捕杀军中共党分子”。原来，蒋介石和汪精卫眼见北伐即将取得全面胜利，为夺取全国统治大权，先后发动了震惊中外的“四一二”和“七一五”反革命政变，血腥屠杀共产党人和一切进步人士，之后又互相大打出手。

革命尚未成功，蒋汪二人就迫不及待地争权夺利。是可忍，孰不可忍？王天培断然拒绝蒋介石的命令。他先是将军中的共产党员和共青团员隐蔽起来（后来这批共产党人大部分参加了八一南昌起义）。随即，他公开发表《告本军全体武装书》，要求“我全体同志务必要有清醒认识：北洋军阀投靠帝国主义，出卖中华，荼毒民众，乃为中华民族之死敌，我们应该坚决消灭之，而不应该回头打内战”，表明坚持国共合作，捍卫三民主义，掩护共产党人，拒绝内战，坚持北伐的决心。对此，蒋介石决定排除异己。于是，蒋介石密命总部扣发第十军粮饷，致第十军陷入饥馑。此时，北洋军阀乘机反攻。王天培孤军奋战，粮饷无着，尽管在延绵数百里的战线上与敌反复斗争，终因寡不敌众，最后徐州失守。

这时，蒋介石在斗败汪精卫之后，方出兵北伐，亲率第一军、第四十四军、第三十七军、第三十二军等，分兵三路夺徐州。然因指挥失误而招致大败，敌乘势发起全面反击，全线溃退，逃回南京。王天培则被迫退至定远、明光一线。此战，蒋介石损失重大，引来全国一片责难。

为了开脱自己，蒋介石将徐州兵败的责任一股脑儿推给王天培。1927 年 8 月 8 日，蒋介石电召王天培赴南京“面商机宜。”王天培不知蒋介石用意，遵命前往。一到南京，即被扣留，罪名有三：“一是不听指挥，贻误战机，导致徐州兵败；二是隐兵不报，图谋不轨；三是克扣军饷，动摇军心。”于是，南京军事委员会以“送王将军去西湖疗养”为名，将其秘密转移至杭州。1927 年 9 月 2 日凌晨，王天培被秘密杀害于杭州西湖，年仅 39 岁。

名将被害，全国哗然。当时的《武汉晚报》《铁嘴报》《湖口快报》等媒体相继发表文章，皆为其鸣冤叫屈。其中以《莫须有三字何以服天下》为题的文章，详尽地叙述了徐州兵败的详情，公开揭露了蒋介石之流排除异己的真实内幕。面对国民党政府的置之不理，人们还自发举行了追悼会。

1931 年 8 月 5 日，迫于种种压力，国民政府不得不为其昭雪，闪烁其词地说王天培的死乃“有人妒贤嫉能，谗言惑上”，承认其“蒙冤受害”，表示“悼惜良涕”，表彰其“忠勇双全，夙娴韬略，历著当勋”，追授为陆军上将。

1929 年 10 月，其遗骸由上海启迁天柱，安葬于铜鼓坡。

开国上将杨至成

1955 年中国人民解放军举行首次授衔仪式。来自黔东南苗族侗族自治州三穗县八弓镇木界村的侗族将军杨至成接受周总理授勋，成为 57 名开国上将之一。他是贵州省唯一的开国上将，也是屈指可数的少数民族开国上将之一。

杨至成将军戎马一生，3 次负伤，几经生死，在长期的军队后勤工作中，克服重重困难，创造性地开展工作，为红军的发展壮大，反“围剿”斗争和长征的后勤供给，为解放战争、抗美援朝战争的物质保障工作，为我军的后勤现代化建设，做出了卓越的贡献。他被誉为“红军的大管家”、我军的“后勤之父”。

1903 年 11 月 30 日，杨至成出生于一个较为殷实的侗族家庭。因父亲被害，他和哥哥、姐姐三人由母亲一手养大。杨至成 7 岁读私塾，11 岁进入县高级小学，14 岁考取省甲科农业学校养蚕专业。在学习期间，他结识了共产党人周逸群，并受到他进步思想的积极影响。1921 年毕业回家，母亲为他张罗了一门婚事。他不甘心过平常的小日子，面对含辛茹苦的母亲和新婚宴尔的妻子，杨志成无法向她们表达自己的理想，他写张留言条，奔向革命的征途。

1922 年，经舅父介绍，他到川黔联军当兵。不久，长官又叫他去当军需上士。1925 年夏，他随联军赴粤，参加北伐。1926 年春，联军到广东，听说黄埔军校招生，他毅然前往投考，并顺利考入黄埔军校第五期。在黄埔军校，他再次遇到在黄埔任教的周逸群。后经周逸群介绍，加入中国共产主义青年团。

1927 年 3 月，杨至成经金亨夫介绍，加入中国共产党。后被党派到贺龙任军长的国民革命军第二十军三师任六团六连政治指导员，并参加了南昌起义。

南昌起义后，部队南下广东作战连续失利，伤亡惨重，杨至成的六连也伤亡过半，连长悄悄逃离了部队。杨至成担起连长的重任，他召集余下的战士随部队艰苦转战于闽粤赣湘边线。1928 年春参加湘南起义，同年 4 月随朱德、陈毅上井冈山，任工农革命军（后称中国工农红军）第四军二十八团一营四连连长。在参加反“进剿”作战中腹部受伤，任留守处主任。在极为艰难的条件下，负责 200 多名伤病员的管理工作，努力解决给养和医药供应问题。1929 年 1 月随红四军向赣南、闽西进军，任军部副官长。同年 4 月，杨至成筹款建立了一个临时被服厂，组织赶制了 6000 多套军装，这是红四军第一次穿上统一的军装。

1930 年起任红十二军副官长，中央军事政治学校校务部部长，中央军事委员会总经理部兼红军总兵站主任、总供给部部长兼政治委员，先后组织建立了中央苏区的“赤色邮政”，红军有线电话网和无线电通信联络，建立了枪械、弹药、被服、纺织、鞋袜、卫生材料等 20 余个军工厂，建立了各项管理制度，保障红军的物资供应，并创办了后勤学校、红军野战医院等。为中央红军反“围剿”提供了物资保障。

侗族上将杨至成

1934 年 10 月，中央红军在第

三穗县杨至成将军纪念馆

五次反“围剿”中失败，被迫战略转移，杨至成随中央红军参加长征。1935 年 1 月遵义会议后，任中革军委先遣工作团主任。他兢兢业业，率工作团的全体同志深入少数民族地区，积极筹集粮食、物资、弹药、药品等供给部队，使红军能顺利地通过少数民族地区，为红军四渡赤水、强渡大渡河、爬雪山、过草地提供了物资保障。

到陕北后，杨至成任军委采办处主任和红一方面军后勤部部长，参加东征、西征战役。1936 年 12 月任军委后勤部部长兼红军前敌总指挥部总兵站部部长。抗日战争爆发后，杨至成任中共中央军委总供给部部长兼黄河两延卫戍区司令员、抗日军政大学校务部部长。为红军后勤工作做了大量卓有成效的工作。因为长期超负荷的工作，杨至成积劳成疾，身体每况愈下。

1938 年冬，经中央安排，杨至成到苏联就医养病，同时进入苏共远东局党校、伏龙芝军事学院学习。他克服语言等方面的障碍，系统地学习了苏联战略学、战役学、战术学、后方勤务学等，还考察了苏联的社会主义建设，丰富了军事知识，也开阔了眼界。

1941 年准备回国时，因第二次世界大战战火蔓延，德国法西斯大举入侵苏联。杨至成回国之路被阻断，无奈在苏联滞留达 5 年时间，历尽千辛万苦，多次经历生死磨难。直到 1946 年 1 月，他才同在莫斯科学习的李立三等人乘坐苏联军用专机回到东北，返回阔别了 8 年的祖国。

杨至成很快就被任命为东北民主联军后勤部政治委员。他一边组织领导后勤工作支援东北的解放战争，一边组织建设后勤学校和开展军工生产，先后建成 46 个军工厂，建成 29 所野战医院，建成 20 个粮食、被服生产基地，成立了 10 多所医疗卫生、运输等学校，兵站网络遍布东北，奠定了东北部队物资供应的基础，也形成了解放军后勤保障体系的雏形。为部队进行辽沈、平津战役以及南下作战提供了充分的物资保障。

1949 年夏，杨至成随第四野战军南下，先后任华中军区和中南军区军需部部长、中南军政委员会轻工业部部长、中南军区第一副参谋长兼后勤部部长。他在中南地区组织领导创建各类军需工厂、仓库、医院和学校，同时组织接收和发展了地方轻工业。在抗美援朝战争中，杨至成组建 50 多个后勤保障机构，共 5 万多人，为朝鲜前线调运各种军需物资超过 27 万吨，为抗美援朝战争的胜利打下了基础。

1955 年调任人民解放军武装力量监察部副部长。1958 年任军事科学院副院长兼院务部部长，参与筹建军事科学院；1962 年任高等军事学院副院长，参与筹建高等军事学院基建等各项基础工作，为我国国防现代化建设做出了重大贡献。

由于长期带病工作，杨至成身体的多种病症一直未能彻底康复，1967 年 2 月 3 日，杨至成在北京因心脏病发作抢救无效而辞世，享年 64 岁。

苗族省长王朝文

王朝文是黔东南走出去的第一位苗族省长。他先祖世居于贵州黔东南黄平县翁坪乡一个叫牛岛寨的苗族山寨。父亲王登祥是当地有名的私塾先生，家里非常贫困。王朝文从小就懂得体谅母亲的艰辛，五六岁就学会帮助母亲做一些力所能及的家务，八九岁就学会干各种农活。王朝文一边帮母亲干农活，一边跟随父亲在私塾读书，因而打下了较好的文化功底。

王朝文准备继续上初中时，抗日烽火蔓延到了贵州。14 岁的王朝文顶替父亲去黄平修抗战机场，他跟其他成年壮劳力一样做挖土、碎石、背土等各种重活。从小经历这些重体力活的磨砺，练就了王朝文吃苦耐劳、百折不挠的个性，这为他后来成为干部，养成脚踏实地、敢于担当、勤恳服务人民的作风打下了基础。

1949 年 11 月，得知黄平县解放，王朝文赶到黄平县城，报考镇远专区革命干部学校，并以第十三名的成绩被录取。从此，他走上曲折而漫长的革命道路，在几十年的工作实践中，不断锻炼，不断成长和进步，成为一名优秀的少数民族高级干部，为黔东南、贵州建设事业做出了巨大的贡献。他曾任中共贵州省委副书记、贵州省省长，贵州省人大常委会主任，第八届全国人大常委会委员、民族委员会主任委员，第九届全国人大常委会委员、民族委员会主任委员等职，系中共第十二、十三、十四届中央委员。

参加工作后，不论是在干校进修学习，还是承担“五大任务”、土地改革等艰巨的任务，只要组织安排，王朝文都果断领命，很快进入新的角色。他经常夜以继日，连续作战，每次都按时、圆满地完成上级交办的任务，并在工作实践中脱颖而出，成为同事中的佼佼者。1960 年 1 月，仅 26 岁的王朝文，经过多岗锻炼，担任黔东南苗族侗族自治州委书记处书记、共青团州委书记、中共施秉县委第一书记等职，成为闪耀在刚成立不久的黔东南苗族侗族自治州政坛上的一颗新星。

心系民生，办好实事是王朝文一生坚持的从政理念。王朝文 1983 年 1 月当选为中共贵州省委副书记、省人民政府省长。解决全省 3000 万人民的吃饭问题是他抓的第一件大事。通过广泛调研，他把农业厅厅长赵庆儒叫到面前，提出 70 亿千克粮食生产任务，向全省 500 万亩中低产田和 1500 万亩中低产土要多增的粮食。赵庆儒厅长满口答应的同时，也提出了反问：“你能给我多少投入？”“6000 万，不够，一亩两斤杂交良种，50 千克化肥，一年也不少于 1 个亿，”王朝文早已思考好了解决方案，“我手里只有 6000 万元，钱不够，我再给你一个政策，预购一斤粮食，提前奖售一斤化肥。”“好，一言为定，完不成 70 亿千克粮食生产任务，明年你罢我的官。”省长王朝文与农业厅厅长赵庆儒就这样签下了军令状。当年秋收过后，全省粮食生产超额完成 70 亿千克产量任务。

2014 年 4 月 3 日，贵州省原省长王朝文与夫人在凯里黄平机场考察并留影

像解决粮食问题一样，王朝文在贵州省任主要领导期间，在解决财政、金融、交通、教育、工业、旅游、医疗卫生等方面问题时，都是采取实打实的做法。他总是先深入调研，

找到问题症结，与一线干部群众研究解决方案，设法加以解决。

王朝文几十年政治生活虽然曲折坎坷，但他总是处变不惊，这得益于王朝文敢于担当、实事求是的工作作风。在大是大非面前，王朝文总是保持清醒的头脑。在进行深入的调查研究之前，他不轻易发表意见，一经认定为正确的事，他也敢于打破常规，大胆担责，积极实践。

1980 年春天，贵州一场农村改革的风暴正酝酿之中。春节刚过，身为副省长的王朝文，收到铜仁地委两位同志写给党中央主要领导的信，信中介绍铜仁山区部分村开始实行包产到户，通过实践，适应当地情况，也适应生产力的发展，不应该说成是资本主义，希望得到中央支持，不要说是方向性、路线性错误。这事牵涉到是否与中央政策相抵触的大问题。“这不是在变相搞分田单干吗？”王朝文心里打了一个大大的问号，为什么省里明确发文，地委的同志仍然写信反映这个问题，他感觉这不是一个简简单单的问题。没有调查，就没有发言权。他决定下基层去好好进行一次调研，了解问题的根源。

大年初五，王朝文向省委第一书记请了假，带着省农委的两位负责同志，直奔有“贵州粮仓”之称的遵义。到了遵义地委，他直接说明了缘由，也不让地委的同志陪同，直接带着调研组往基层进发。他们一口气走访了遵义、湄潭等 7 个县，对沿途 30 多个公社进行走村进户的深入调研，还到四川省的彭水、南川等地进行暗访。历时 21 天，不断与村民交谈，到老百姓家、田间地头、农贸市场实地查看，掌握了大量真实反映包产到户取得成效和农民希望包产到户的相关情况。通过调研，王朝文心里有了底，他的思想也有了 180 度的大转弯。决定支持遵义实行包产到户改革。

从遵义返回省城，王朝文立即向省委汇报，省委主要领导表态支持，并召开书记会议，决定一边向中央汇报，一边向全省推行。接着召开全省春耕生产电话会，王朝文承担起讲话的重大责任，对全省干部发表了政策性极强的讲话，明确了贵州实行包产到组、包产到户的农村改革方向。王朝文在讲话中还强调：“这个讲话，我王朝文承担全部责任。”

1980 年 9 月，王朝文提出在农村实行包产到户的建议，通过中共贵州省委向中央的建议，终于得到中央采纳并行文在全国施行。

清正廉洁，公私分明，永远保持劳动人民的本色，这是王朝文身上体现出来的又一优秀品格。王朝文工作 40 多年，他兢兢业业，把全部精力用在工作上。尽管离老家不是很远，但他也仅仅回家探亲数次。每次回老家探亲，他都像普通市民一样买票乘火车回老家黄平谷陇。1985 年，王朝文第二次当选为贵州省省长，工作非常繁忙。他突然接到父亲得了重病的消息，王朝文请假带着小女儿乘火车回家探望。因为没有买到座位票，他只好用扁担挑着为父亲买的生活用品和医疗用品，和一群农民兄弟一起挤在车厢过道上。一名妇女似乎认出了他，高兴地对他说：“你是王朝文省长吧？”说着要让座给他。王朝文一边婉言谢绝，一边笑着说：“你认错人了吧？可能我长得像王朝文。我不累，你坐吧，女士优先哪。”那名妇女将信将疑，再三让座，王朝文推辞不过，才与大家挤坐在一起。快到岩英站下车时，王朝文才如实相告：“你的眼力真好，我确实就是王朝文，谢谢你啦！”得知省长与大家同挤火车，车厢里的人无不感慨：“王省长没有一点架子，与我们农民真是心连心哪！”

百岁侗医吴定元

黔东南苗族侗族自治州剑河县侗族名医吴定元虽然已离开我们几十年了，但他的医术、医德、医著仍然在黔东南百里侗乡广泛被人传颂。吴定元又名吴桂桂，祖籍湖南芷江，三岁随父母迁居贵州省剑河县。他一生行医 80 余载，救治中外患者无数，是当地家喻户晓的侗族名医，对儿科、妇科有独特专长，医术非常精湛。

百岁侗医吴定元

1886 年 3 月 13 日，吴定元出生在湖南芷江一个贫苦的侗族家庭，祖上九代行医、务农，过着普通百姓的生活。3 岁时，因为交不起田租，他父亲用箩筐挑着他逃难，流落到贵州剑河县南明镇。7 岁时，他开始随父亲上山采药、识药，并跟随父亲为群众看病。12 岁时父亲去世，他继承父业，开始为群众治病。他学医非常刻苦，为了更好地传承祖上医术，他曾多次返回湖南芷江，向叔父求教祖传医方。15 岁时，由于母亲无法养活两个妹妹，他只好弃医到剑河县柳堡寨一户杨姓地主家当帮工，后定居此寨，寨里有个私塾先生李世勋，医文兼备，颇有名望，吴定元便拜师于李先生门下，一边习文，一边学医。吴定元非常勤奋，每天上山砍柴售卖供奉先生。李先生非常喜欢他，把治儿科病的秘方传给了他，并教他读书习字，使吴定元打下了扎实的医学文化功底。此外，吴定元还广拜村医，只要知道哪位村民掌握医方，他便主动登门求学，通过帮助人砍柴、舂米、挑水、打猪菜等方式，赢得村民的信任，把掌握的民间良方传授给他。不论侗家、苗家还是汉族的医术医方，他都兼收并蓄，为己所用。据统计，吴定元求教过的村医达数百人。正是由于他求学若渴、不计报酬、诚心救民的良好的精神品质，使他成为侗族民医的集大成者，成为救护苍生的著名侗医。

吴定元的医术日渐长进，18 岁时开始自立门户，独立行医。为了保障药效，吴定元总是亲自到大山深谷采集草药，自己晾晒，自己炮制。为了采集草药，他几乎踏遍了家乡的山山水水。1921 年，吴定元 35 岁，剑河县一些村寨发生瘟疫，病死者无数。吴定元冒着被传染的极大风险，一个人赴疫区治病救人，免费拯救了无数危重症患者，扼住疫情蔓延的势头，由此名声大振。四方远近到他家登门求医的患者络绎不绝，吴定

吴定元在给患者诊断

元不分贫富贵贱，一视同仁，随到随治，手到病除。治疗费从不讨价，能出者可聊表心意，穷困者不取分文。

1959年，虽已73岁高龄，剑河县民族医院慕其名声，特招其为该院的坐诊医生，为他开设独立核算账务，并给予相应待遇，吴定元欣然应允。从乡村移居县城，为广大患者服务。吴定元老人的医术很全面，能看内科、外科、骨科以及蛇伤，尤其擅长儿科和妇科。如儿科的伤寒、发烧、咳嗽、吐泻、惊风等，常常是手到病除。由于他的高超医术和良好医德医风，慕名而来找他诊治的患者很多。有外省的患者，也有国外的病人。有的不能亲自前来诊治，就写信求诊，吴医生综合患者病况，配好药方寄给患者，直到患者病愈。

“他人生病如己病，求得他生似己生。”这是吴定元老人的一句口头禅。行医80多年，他不分白天黑夜，不分上班下班，也不分在门诊室还是在自己家里，或者是在路上，总是有求必应。甚至自己生病在家，有人上门求医，他都坚持给人开方子。对一些年老、病情急重或无人照料者，吴老还主动登门诊治。除了在医院上班时间按规定收费外，其余时间在家接诊的几乎都是义务诊治。他从不收红包，也不收礼物。许多病人痊愈后感激他，给他送钱送物，他一概婉言谢绝。他说自己拿国家给的工资，生活有保障，钱财如粪土，人命值千金，他行医的目的是解除病人的痛苦，不是为了钱，病人领个情意他就心满意足了。每年他救治的患者在1万人次以上，其中义务看病的有千余人次。他也为医院创收不少，但除了固定工资外，从不多拿一分钱。按规定核算他个人应多得的报酬，他一分不少地捐给了医院，后来医院用他捐赠的资金，建成了一座门诊大楼。1988年，吴定元被评为主任医师，这是中华人民共和国成立以来剑河县首位被评为最高职称的医生。老人一生为人低调，严谨从医，谨慎做事做人。在吴定元老医生一百岁生日那天，县委、县政府拟安排为老人举行一个隆重的庆祝座谈会。老人得知情况后，连忙在自家门上贴出告示：“本人年事已高，没有精力办酒酬谢。我的生日希望不要来贺，来者谢绝。请原谅，谢谢！”当天他带着徒弟到一个边远的村乘出诊，为一个患者治病，很晚才回到县城。

吴老医生非常重视病学理论的收集整理工作，据自己80余年临床经验，编写成20多万字的医著《草木春秋》。该书汲取侗族先人、同道和自己一生临床经验，集众家之长，详细论述了诸多病症的发病机理，临床表现特点及治法、药方，引述了1000多个医案和用药处方。这是一部有别于西医，也不同于中医的侗医专著，是侗族人民在历史长河中与疾病做斗争的智慧结晶，对于发掘、继承、整理侗族医药和提高侗族医药水平具有十分重要的研究价值。书稿定稿后，吴定元老人无偿赠予医院。他还整理了自己的养生心得，也一并传授跟班医生和自己的徒弟，为黔东南侗族医学的传承和发展做出了杰出贡献。1983年被卫生部评为“全国卫生先进工作者”称号，1986年又被卫生部授予“文明卫生先进工作者”称号，1990年被列为全国第一届名老中医500名导师之一。

1991年4月，吴定元老人在家中无疾而终，享年105岁。这位享誉中外的侗医集大成者，走完了他济世救民的传奇一生，值得人们永远敬仰和怀念。

民间工艺大师
吴水根

苗族银匠吴水根50多岁，是台江县施洞镇岗党略村农民，系国家级非物质文化遗产“苗族银饰锻造技艺”代表性传承人、贵州民族民间工艺大师、高级工艺师。2003年以来，曾任台江县第六、七届政协委员，黔东南苗族侗族自治州第十二、十三、十四届人大代表。2017年4月当选为党的十九大代表。吴水根曾荣获贵州省劳动模范、贵州省优秀共产党员、贵州工匠、黔东南苗族侗族自治州民族团结进步模范个人、2017中国非遗年度人物等荣誉称号。

吴水根八九岁时，就从父亲和叔叔那里学习了银饰加工的基本技能，并爱上了这门独特的手艺。初中毕业时，他已能够独立制作银饰作品。由于家庭条件所限，他没有继续读书，留在家里帮助父亲干活挣钱补贴家用。20世纪80年代初期，改革开放刚刚开始，农村百姓都不富

吴水根在加工银饰

吴水根的银饰作品

裕，没有多少闲钱用于购置银饰等贵重的消费品。银饰加工多限于邻近村民嫁女娶媳所需银制品，吴水根仅收取微薄的加工费。

随着农村改革开放的进程加快，农村群众生活渐渐变好。通过来料加工，吴水根在传统工艺基础上，利用自己多年积累的丰富经验，大胆创新，设计出许多新颖时尚的银饰。赢得客户的青睐，生意日渐兴隆，客户遍布全国各地，每年纯收入由最初的几千元增加到 20 多万元。

吴水根放眼山外，面向都市，听从上级党委政府的召唤，积极到大都市展演苗族银饰加工技艺，让苗族银饰锻造技艺在繁华的都市大放异彩。他连年参加省内“多彩贵州”旅游产品设计大赛，获得多项大奖，2010 年 11 月，他参加中国贵州·雷山苗年暨西江鼓藏节雷山县苗族银饰大赛，荣获一等奖。他先后 10 余次参加成都、西安、天津、昆明、台北、贵阳、澳门、香港、北京等城市举办的传统文化节、非遗展演、贸易洽谈会、文化产业博览会等活动，每次都受到当地市民的欢迎和好评，获得活动组委会颁发的优秀奖、特殊贡献奖、铜奖、银奖、金奖等，共计 10 余项。2012 年 11 月，吴水根参加首届中国（黄山）非物质文化遗产传统技艺大展，他的作品《苗族图腾柱》荣获金奖；2016 年 7 月，作品《龙船一帆风顺》与《小米手镯》在第五届中国·凯里银饰刺绣博览会上获银饰类银奖。

吴水根还代表贵州工匠多次参加了对外交流表演活动。他先后作为省文化使团成员到俄罗斯、韩国展示苗族银饰锻造技艺的独特魅力，受到当地人民的欢迎和好评。

由于吴水根的特殊贡献，2017 年 7 月，黔东南苗族侗族自治州文化广电新闻出版局为吴水根创建了苗族银饰锻造技艺大师工作室。

吴水根借助传统银饰锻造技艺，实现了传统技艺展演和产品经营双丰收。生意最好的一次是 2016 年 1 月，在天津参加“非遗与生活”系列艺术活动，几天展销他赚了 10 余万元。吴水根将破旧的烂木房改换成了崭新的砖房，还办起了农家乐，成立了公司，带动全村同行一起创办了银饰合作社，生意越做越红火。

周边群众从吴水根的成功中看到了银饰加工技艺的巨大潜力，纷纷安排孩子到他的作坊学习银饰加工技术。吴水根来者不拒，不收一分钱学费，把平生所学一一教授给徒弟。在教授技艺的同时，他还以身作则，身体力行地教导徒弟们要做一个有良知、有道德、讲诚信的人。在村里各种公益活动中，他总是积极带头捐资和参加活动，成为远近闻名的乡贤，受到乡亲们的尊敬。

至今，吴水根培养出师的徒弟已有 60 多人，在各自的作坊里自主经营，成为当地的致富能手。

后记

夏天，忽然接到辽宁民族出版社金顺玉老师的约稿电话，要编辑《民族自治州风采》系列丛书，黔东南苗族侗族自治州列入其中，叫我组织编撰《黔东南苗族侗族自治州卷》书稿，要求图文并茂，将彩印出版。

这是一项非常重大的文化工程，时间紧、任务重、责任大。经向有关部门汇报，因为财政困难等原因，未能筹集到采编工作经费。这是推介黔东南民族文化资源，展示黔东南建州以来发展和建设成果的好机会、好平台，通过这套丛书，与全国兄弟民族自治州一起，向全国读者同台展示黔东南独特的魅力和风采。尽管编撰工作面临诸多困难，作为一名党员，作为黔东南苗族侗族自治州的一名文字工作者，我没想太多，很快向出版社应承下书稿的编撰任务并签订了创作出版合同。

我紧锣密鼓地组织作家杨贵和、杨育泽，摄影家姚宁、陈沛亮，组成五人编撰小组，负责书稿的组织、编撰、初审等方面的工作，把好政治关、民族关、政策关和文字关，拟定书稿大纲和基本结构框架，并分解了全部篇目的采访创作任务。没有工作经费，大家自掏腰包或者通过朋友的帮助自行安排下县采访，收集文字资料和拍摄照片。

经过半年时间，初稿形成，又请相关领导专家提出修改意见，对部分稿件又进行调整、充实和完善。几易其稿，反复修改，最终形成送审书稿，交出版社编辑审定。

这本书稿的创作和编撰，在我的编辑实践中是比较艰难的一次经历。因为篇幅所限，文章要求短而精，图片要求构图巧、画面美、质量高，文章和图片优势互补、相得益彰、和谐统一，集中表现黔东南某一个行业某一方面的特色或者成果。在选题方面，也是经历了非常艰难的抉择。黔东南民族文化、自然资源丰富，可以编入本书创作选题的内容非常广泛。中华人民共和国成立70多年来，黔东南经济社会发生翻天覆地的变化，旧貌换新颜，处处可着墨。通过编撰小组协商，我们把本书的重点放在民族文化、旅游重点村镇等方面。期待以点带面，以典型反映整体，以重点彰显全貌，达到管窥黔东南建立自治州以来经济社会发展进步之一斑的创编目标。

希望通过这部书打开一扇窗，让全国各地的读者比较真切、直观、便捷地了解黔东南这块神奇的土地。

诚挚感谢金顺玉老师和辽宁民族出版社对黔东南苗族侗族自治州的关注和热情邀约。在本书编撰过程中，得到众多单位和作家、摄影家朋友的支持和帮助，在此一并诚恳致谢！

书稿编撰仓促，挂一漏万、捡玉失珠的情况肯定在所难免，望读者海涵并提出宝贵意见。

莫　屈

2022年5月